# HÜHNER HALTEN

## Der Problemlöser

Bibliographische Information der Deutschen Nationalbibliothek

Die Deutsche Nationalbibliothek verzeichnet diese Publikation in der Deutschen Nationalbibliografie; detaillierte bibliografische Daten sind im Internet über http://dnb.d-nb.de abrufbar.

Deutschsprachige Ausgabe


BLV Buchverlag GmbH & Co. KG
80636 München



Titel der Originalausgabe: The Chicken Keeper's Problem Solver
100 common problems explored an explained



Umschlagkonzeption und -gestaltung: BLV Buchverlag
Umschlagfotos: plainpicture/Jutta Klee (vorne)
Rückseite: Photo Sky/Shutterstock.com (hinten links), Chris Graham (hinten Mitte und rechts)

Lektorat: Danièle Böhm
Herstellung: Hermann Maxant
Layoutkonzept Innenteil: Clare Barber
Layout: Katrin Michel, München

Gedruckt auf chlorfrei gebleichtem Papier

Printed in China

ISBN 978-3-8354-1547-8

www.facebook.com/blvVerlag

CHRIS GRAHAM

# HÜHNER HALTEN

## Der Problemlöser

100 Fragen – 100 Antworten

blv

Übersetzung: Kirsten Nutto

# INHALT

# EINLEITUNG

Zwar geht es in diesem Buch vorrangig um Probleme, doch stehen diese bei der Hobby-Hühnerhaltung selten im Vordergrund, im Gegenteil: Die Haltung von Hühnern ist meist ein problemloser, vergnüglicher und unterhaltsamer Zeitvertreib.

Dennoch können natürlich von Zeit zu Zeit Probleme auftreten, und dann sollte man gewappnet sein. Wichtig ist vor allem, sich kundig zu machen, welche Maßnahmen man ergreifen kann, um gezielt gegen ein Problem vorgehen zu können. Gutes Haltungsmanagement heißt hauptsächlich, etwaigen Problemen immer einen Schritt voraus zu sein, d. h. sie frühestmöglich zu erkennen und zu bekämpfen, bevor es wirklich ernst wird. Dies setzt natürlich voraus, dass man weiß, welche Probleme wann auftreten können und welche verräterischen Signale sie aussenden.

Während die meisten Hühner wesentlich robuster sind, als ihr graziles Äußeres vermuten lässt, sind alle ohne Ausnahme äußerst stressanfällig. Stehen Hennen unter Stress, sind sie unruhig und legen eher unregelmäßig. Zudem sind sie deutlich anfälliger für Infektionen sowie Krankheiten, und etwaige vorhandene Gesundheitsprobleme verstärken sich noch. Das Problem ist, dass Stress vielerlei Ursachen haben kann – von eher unbedeutenden wie einer Futterumstellung oder dem Umsetzen des Auslaufs bis hin zu wesentlich ernsteren Dingen wie zu dichtem Besatz und Hacken.

In diesem Buch werden 100 der häufigsten Probleme vorgestellt, die bei Ihren Hühnern auftreten können, und konkrete Lösungen aufgezeigt, um ihrer Herr zu werden. Sie können ganz nach Belieben einzelne Kapitel nachschlagen, wenn Sie einen speziellen Rat brauchen, oder alles am Stück lesen, um sich umfassend zu informieren. Ihr neu erworbenes Wissen wird Ihnen nicht nur das Haltungsmanagement erleichtern, sondern sich auch im Hinblick auf Gesundheit und Wohlergehen Ihrer Hennen bezahlt machen.

Gleich vorweg etwas ganz Wichtiges: Hühner werden – wie jedes Beutetier – immer verzweifelt versuchen, keine Schwäche zu zeigen, und daher alles dransetzen, jegliche Krankheitsanzeichen oder Verletzungen zu verbergen. Diese »Täuschungsmanöver« wiederum erschweren es den unerfahrenen Hühnerhaltern, Probleme zu erkennen. Dem lässt sich vorbeugen, indem man sich solide Kenntnisse über hühnertypisches Verhalten sowie krankheits- und parasitenbedingte Probleme aneignet. Dann dürfte einem weitgehend problemlosen und vergnüglichen Miteinander mit den Hühnern nichts mehr im Wege stehen.

Vieles, was man wissen sollte, sagt einem schon der gesunde Menschenverstand. Versetzen Sie sich in Ihre Hühner und fragen Sie sich, ob Sie sich an deren Stelle wohlfühlen würden. Wenn es Ihnen z. B. nicht gefiele, den ganzen Tag barfuß durch Schlammpfützen zu waten, in kahler, überraschungsarmer Erde zu scharren oder sich in eine überfüllte, dreckige Hütte pferchen zu lassen, dann sollten Sie dies auch Ihren Vögeln nicht zumuten.

Natürlich kann nichts die praktische Erfahrung ersetzen – aber irgendwie muss man ja anfangen, und dabei können Bücher wie dieses gute Dienste leisten. Wer sich die grundlegenden Kenntnisse möglichst früh aneignet, wird im Ernstfall schneller und besser in der Lage sein, die richtigen Entscheidungen zu treffen: einen guten Hühnerhalter zeichnet aus, dass er rechtzeitig geeignete Maßnahmen ergreift, d. h. lieber vorbeugt als reagiert.

Bei Hühnern lösen sich Probleme selten von alleine, daher sollte man lieber früher als später etwas dagegen unternehmen – und dies liegt, wenn Sie der Halter sind, allein in Ihrer Verantwortung.

# I. KAPITEL

# FUTTER UND WASSER

Hauptsächlich zwei Dinge entscheiden darüber, ob Sie in der Hühnerhaltung erfolgreich sind: die Qualität des Futters und eine gute Versorgung mit frischem, sauberem Trinkwasser. Viele Neulinge unterschätzen die Wichtigkeit dieser beiden grundlegenden Dinge, ebenso die Tatsache, dass eine regelmäßige Wasseraufnahme für das Wohlergehen der Hühner wichtiger ist als Futter. Denn Wassermangel tolerieren sie wesentlich schlechter als Nahrungsmangel: ein Huhn kann nahezu sein gesamtes Körperfett verlieren und sich wieder erholen, aber schon ein Wassserverlust von mehr als 10 Prozent ist tödlich. Die Versorgung der Hühner mit Futter und Wasser sollte daher auch bei Ihnen immer an erster Stelle stehen. Beides muss täglich überprüft werden und höchsten Ansprüchen genügen – dann garantieren Sie Ihren Hühnern eine hohe Lebensqualität.

Das Schlüsselwort heißt hier Kontinuität. Jede plötzliche Veränderung kann negative Auswirkungen auf das Fressverhalten haben, weshalb der Appetit eine Art Barometer für den Gesundheitszustand eines Huhnes darstellt: fehlt er, gibt dies Anlass zur Sorge, und man sollte nach den Ursachen forschen. Zu den täglichen Aufgaben gehört außerdem, dafür zu sorgen, dass genügend Futter und Wasser bereitsteht, dass die Tränken und Futtertröge sauber, schimmel- und keimfrei sind und dass Raubvögel und andere Räuber sich nicht am Futter der Hühner bedienen.

# 01 Meine Hühner verschmähen ihr normales Futter

## DAS PROBLEM

**Das Füttern von »Snacks« und die saisonale Verfügbarkeit von Insekten können dazu führen, dass freilaufende Hühner weniger Appetit auf ihr übliches Legehennen-Futter haben.**

## DIE LÖSUNG

Hobbyhalter, vor allem unerfahrene, neigen leider dazu, ihre Hühner mit »Snacks« zu verwöhnen. Doch verarbeitete, für den menschlichen Konsum gedachte Lebensmittel mit hohem Salz- und Zuckergehalt sind für Hühner völlig ungeeignet, da sie nicht auf deren Ernährungsbedürfnisse zugeschnitten sind. Zudem ist der Verdauungstrakt von Hühnern anders aufgebaut und deshalb überfordert. Dennoch behalten viele Halter diese Unsitte bei und übertreiben es oft sogar. Die Vögel stopfen sich mit dem ungesunden Zeug voll und verschmähen ihr Standard-Pelletfutter, das im Vergleich dazu schlicht und unappetitlich wirkt. Doch neben den durch »Snacks« hervorgerufenen gesundheitlichen Problemen kann es bei Hühnern, die ihr Spezialfutter ignorieren, zu Vitamin- und Mineralstoffmangel kommen, was wiederum die Qualität der Eier sowie Legeleistung und Gesundheit beeinträchtigt.

Im Frühjahr und Sommer suchen sich freilaufende Hühner ihr Futter – in Form von Insekten, Larven etc. – oft selbst und fressen daher etwas weniger von ihrer üblichen Futterration. Dies ist jedoch zu erwarten und völlig akzeptabel, stecken diese »natürlichen Snacks« doch voller Nährstoffe.

Hühner gedeihen am besten bei einer regel- und gleichmäßigen Fütterung. Das bedeutet: kein plötzlicher Futterwechsel, der Versuchung widerstehen, ungeeignete Snacks zu füttern, und darauf achten, dass das Spezialfutter frisch und qualitativ hochwertig ist.

*Widerstehen Sie der Versuchung, Ihre Hühner mit »Snacks« zu füttern, selbst wenn ihnen diese zu schmecken scheinen. Gegen eine Handvoll Körner oder frisches Obst und Gemüse ab und zu ist jedoch nichts einzuwenden.*

## KLUG FÜTTERN

Anfänger versorgen ihre Tiere aus Unkenntnis oft mit dem falschen Futter. Ob nun »Legehenne«, »Junghenne« oder »Masthuhn« – alle profitieren von einem ausgewogenen, speziell auf ihre Bedürfnisse zugeschnittenen Futter.

# 02 Das Futter im Sack schimmelt

## DAS PROBLEM

**Die heute erhältlichen Spezialfutter für Hühner sind nicht unbegrenzt haltbar. Sobald das Mindesthaltbarkeitsdatum überschritten ist, werden darin enthaltene Fette und Öle schnell ranzig und es kann sich Schimmel bilden.**

## DIE LÖSUNG

Bei Hühnerfutter sollte man immer das Verfallsdatum im Auge behalten, damit man es rechtzeitig verfüttern kann und nicht wegwerfen muss. Dazu muss man natürlich wissen, wie viel Futter in welchem Zeitraum verbraucht wird, um die richtige Menge bestellen zu können. Zwar ist es billiger, Hühnerfutter in großen Mengen zu kaufen, doch hat man auch nichts gewonnen, wenn man überlagertes Futter nicht verfüttern kann, sondern entsorgen muss. Verdorbenes Futter wird von Hühnern schlicht verweigert, und verschimmeltes kann sogar ihre Gesundheit angreifen. Die richtige Lagerung des Futters ist daher sehr wichtig; die Säcke dürfen nicht nass oder zu heiß werden und nie direkter Sonne ausgesetzt sein.

Hühnerfutter sollte kühl und trocken – z. B. in einer Garage oder einem Schuppen – aufbewahrt und regelmäßig überprüft werden. Da es für Ihr Hobby den größten Kostenfaktor darstellt und die Preise ständig steigen, dürfte es in Ihrem eigenen Interesse liegen, kein Futter zu vergeuden.

*Hühnerfutter im Sack verschimmeln zu lassen ist nicht nur Geldverschwendung, sondern kann die Hühner auch krank machen. Das sollte in jedem Fall vermieden werden!*

# 03 Wildvögel fressen das Futter der Hühner

## DAS PROBLEM

**Große Wildvögel wie Krähen können den Futtermittelvorrat drastisch reduzieren, wenn dieser leicht zugänglich ist.**

## DIE LÖSUNG

Da die Futtermittelpreise stetig steigen, ist man sicherlich nicht gewillt, alle Wildtiere in der Umgebung – vor allem die geflügelten – mit durchzufüttern. Die üblichen Futterspender sind für Wildvögel wie Hühner gleichermaßen gut zugänglich, hindern jene also nicht am Fressen.

Zur Abschreckung unerwünschter geflügelter Gäste kann man alte CDs aufhängen, aber auch einfach den Futterspender so hoch stellen, dass er für Hühner bequem zu erreichen ist, für Wildvögel – selbst größere – jedoch nicht. Alternativ kann man sich auch einen ausgeklügelten modernen Futterspender zulegen, zum Beispiel ein Modell mit schützender Abdeckung, das an Wänden oder Zäunen befestigt werden kann; hängt man es hoch genug, haben auch von unten kommende Räuber keine Chance.

Es gibt auch Futterautomaten mit Trittklappe, bei denen das Futter so lange sicher unter der Abdeckung verborgen ist, bis ein Huhn auf die Trittklappe steht und dadurch den Deckel öffnet. Dann kann der Vogel aus dem Behälter fressen, aber sobald er die Trittklappe verlässt, schließt sich der Deckel wieder.

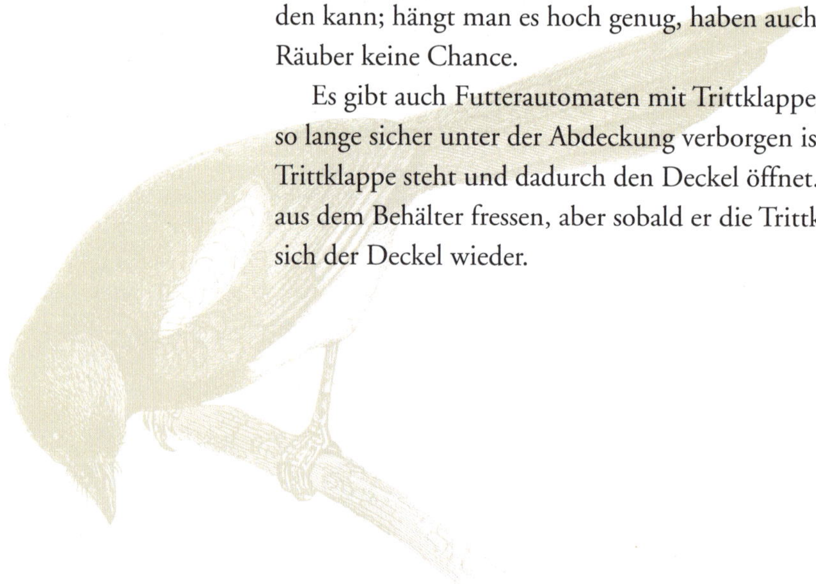

*Ein Futterautomat mit Trittklappe wie dieser verhindert recht zuverlässig Futterdiebstahl durch wilde Vögel und Nager. Allerdings müssen die Hühner mit seiner Benutzung vertraut gemacht werden.*

# 04 Zu viel Futter wird vergeudet

## DAS PROBLEM

**Zur Verschwendung teuren Geflügelfutters tragen ungeeignete Futterbehälter maßgeblich bei.**

## DIE LÖSUNG

Verstreutes Futter ist nicht nur Geldverschwendung, sondern lockt auch wilde Vögel, Ratten und Mäuse an – und diese unwillkommenen Besucher können Parasiten und Krankheiten mitbringen. Man sollte also nicht nur beim Befüllen des Futterspenders Sorgfalt walten lassen, sondern sich auch ein vernünftiges Exemplar zulegen.

Heute sind unzählige Varianten von Futterspendern auf dem Markt, doch nicht alle tragen dazu bei, den Futterverlust gering zu halten. Bei schlichten, oben offenen Wannen oder Schüsseln hat man die meisten Verluste, da Hühner beim Picken oft mit dem Kopf rucken und so Pellets und anderes Futter durch die Gegend schleudern. Um diesem Problem beizukommen, sind Futterautomaten daher meist mit einem Futterring mit Unterteilungen ausgestattet.

Stellt man den Futterspender zudem auf einen großen, mit Maschendraht abgedeckten Untersetzer, fällt das Futter durch das Gitter und kann später leicht entsorgt werden.

# 05 Neues Futter wird nicht angenommen

## DAS PROBLEM

**Eine plötzlich veränderte Futterzusammensetzung kann das Fressverhalten von Legehennen nachteilig beeinflussen.**

## DIE LÖSUNG

Hühner sind Gewohnheitstiere, die Routine lieben, das sollten Sie berücksichtigen, wenn Sie bei der Hühnerhaltung erfolgreich sein wollen. Auf Veränderungen ihres Futters können Hühner äußerst empfindlich – bis hin zu Fressverweigerung – reagieren.

Ob Sie sich nun aus Kostengründen für eine andere Futtermittelmarke entscheiden oder weil Sie einen besseren Lieferanten gefunden haben, weil Sie einfach ein neu auf den Markt gekommenes Produkt ausprobieren wollen oder schlicht weil das Futter altersgerecht angepasst werden soll – wechseln Sie das Futter nie von einem Tag auf den anderen, sondern führen Sie es nach und nach, etwa über eine Woche verteilt, ein.

Als Richtlinie gilt Folgendes: Mischen Sie zunächst altes und neues Futter im Verhältnis 80:20, und sobald dies angenommen wurde, im Verhältnis 60:40. Ein oder zwei Tage später dann im Verhältnis 40:60 mischen und anschließend 20:80. Wird diese Mischung problemlos gefressen, sind Ihre Hühner bereit für eine ganze Ration des Ersatzproduktes. So lässt sich neues Futter mit der geringstmöglichen Störung der Routine einführen.

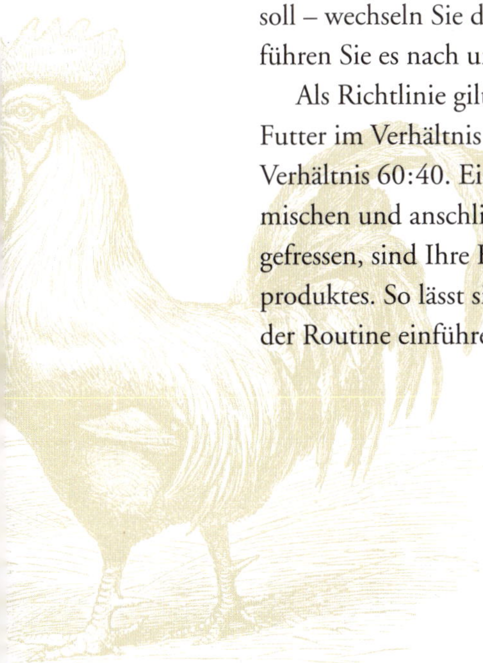

# 06 Ein Huhn frisst nicht

## DAS PROBLEM

**Frisst eine Henne nicht, wird sie eventuell gehackt oder sie ist z. B. durch eine Kropfverstopfung bzw. -entzündung oder einen Luftröhrenwurm beeinträchtigt.**

## DIE LÖSUNG

Man sollte sich die Zeit nehmen, seine Hühner jeden Tag einige Minuten lang zu beobachten, weil sich so leicht erkennen lässt, ob sich alle normal verhalten. Der beste Zeitpunkt dafür ist der frühe Morgen, wenn der Hühnerstall geöffnet wird. Die Vögel sollten aufgeweckt und voller Energie wirken und mit hoch erhobenem Schwanz herauskommen. Die meisten werden sich direkt aufs Futter stürzen und bedürfen daher keiner besonderen Beachtung.

Vögel hingegen, die für sich bleiben und zögern, sich zu den anderen am Futtertrog zu gesellen, werden eventuell gehackt und sollten auf beschädigte Federn und an Kamm und Kehllappen auf Wunden hin untersucht werden. Vögel mit blutenden Wunden müssen sofort von den anderen getrennt und wenn nötig versorgt werden und dürfen erst nach Abheilen der Wunden wieder in den Stall zurück.

Wenn ein Vogel nicht frisst, sollte man auch seinen Kot untersuchen und den Halsansatz (Kropf) auf Schwellungen hin überprüfen. Ein verändertes Aussehen der Exkremente deutet immer auf Verdauungsprobleme hin, Verdickungen am unteren Hals auf Kropfentzündung (weiche Schwellung) oder Kropfverstopfung (harte Schwellung). Beides mindert den Appetit und bedarf tierärztlicher Versorgung.

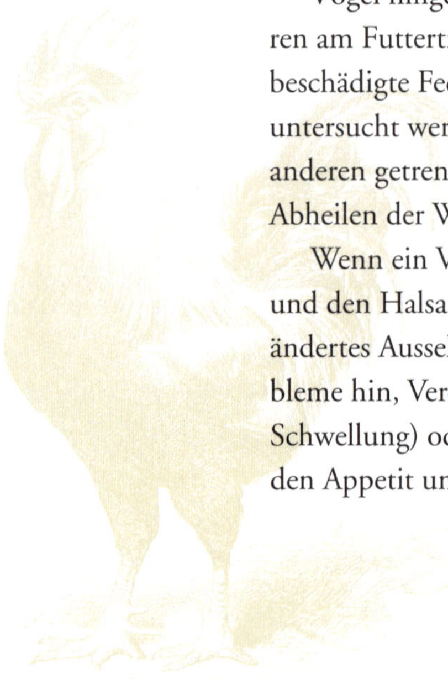

## IM AUGE BEHALTEN

Gute Hühnerhaltung zeichnet sich durch eine regelmäßige und genaue Beobachtung der Tiere aus. So ist man nicht nur stets über ihren Gesundheitszustand im Bild, sondern macht sie auch mit sich vertraut, sodass sich die Hühner in der Nähe ihres Halters wohlfühlen und entspannen – beides trägt entscheidend zu ihrer Gesundheit und ihrem Wohlbefinden bei.

*Mit dem Füttern von Pellets direkt aus der Hand lässt sich das Vertrauen der Hühner schnell gewinnen.*

# 07 Der Futterspender ist immer leer

## DAS PROBLEM

**Entweder geben Sie Ihren Hühnern schlichtweg nicht genug Futter, oder wilde Vögel und Tiere bedienen sich heimlich daran.**

## DIE LÖSUNG

Ein gutes Futtermanagement ist auch für Hobby-Hühnerhalter äußerst wichtig. Überfütterung kann zu ernsthaften Problemen führen, vor allem bei Tieren, die nur wenig Bewegung haben, weil beispielsweise Hühnerhaus und Auslauf recht klein sind. Als Faustregel für eine Futterration gilt etwa 125 g pro Vogel und Tag, wobei die meisten Halter das Futter nicht abwiegen, sondern den Futterbehälter einfach nach Bedarf wieder auffüllen.

Leeren Ihre Hühner regelmäßig den gesamten Futtertrog, geben Sie Ihnen entweder zu wenig Futter, oder Sie haben ein größeres Problem mit heimlichen Mitessern in Form wilder Vögel und/oder Nagetiere. Hühnerhalter sind gesetzlich dazu angehalten, ihre Tiere adäquat zu füttern; wer Zweifel daran hat, ob er im Verhältnis zur Zahl seiner Tiere genügend Futter bereitstellt, sollte einfach noch einen zweiten Futterbehälter füllen. Wer genau beobachtet, wird rasch feststellen, ob wilde Tiere mitfressen. Vögel sind schnell ausgemacht, aber um Ratten oder Mäuse beim Naschen zu ertappen, braucht man mehr Geduld. Sie verraten sich oft durch ihre Exkremente in der Nähe des Futterspenders.

Stellen Nagetiere ein größeres Problem dar, sollte man den Futterbehälter nachts aus dem Auslauf entfernen. Da die Hühner über Nacht in ihrem Stall eingeschlossen werden, brauchen sie kein Futter, und es macht keinen Sinn, es gierigen nächtlichen Besuchern zu überlassen. Um teure Verluste zu vermeiden, sollte man das Futter deshalb nachts in einem Gartenhaus oder Lagerraum aufbewahren.

*Orientieren Sie sich bei der Größe des Futtertroges an der Zahl Ihrer Hühner, damit allen genug Futter zur Verfügung steht.*

# 08 Die Einstreu ist feucht

## DAS PROBLEM

**Feuchte Einstreu kann durch Innentränken, ein undichtes Dach oder schlechtes Wetter verursacht worden sein.**

## DIE LÖSUNG

Der Irrglaube, Hühner benötigten auch nachts im Stall Futter und Wasser, lässt sich nicht ausrotten – wobei beides völlig unnötig ist, da Hühner nachts weder fressen noch trinken. Also: Tränken haben im Hühnerhaus nichts zu suchen. Punkt. Denn man sollte alles meiden, was zu feuchter Einstreu führen kann, und wenn Hühner eine permanent im Stall stehende Tränke nutzen, geht irgendwann immer mal etwas daneben.

Über undichte Dächer, schlecht schließende oder verzogene Türen und kaputte Bretter gelangt schnell Regenwasser ins Haus, das dann an den Wänden herabläuft, sich auf dem Boden sammelt und von unten her die Einstreu durchnässt. Achten Sie auf verdächtige Flecken, und führen Sie notwendige Reparaturen zeitnah durch.

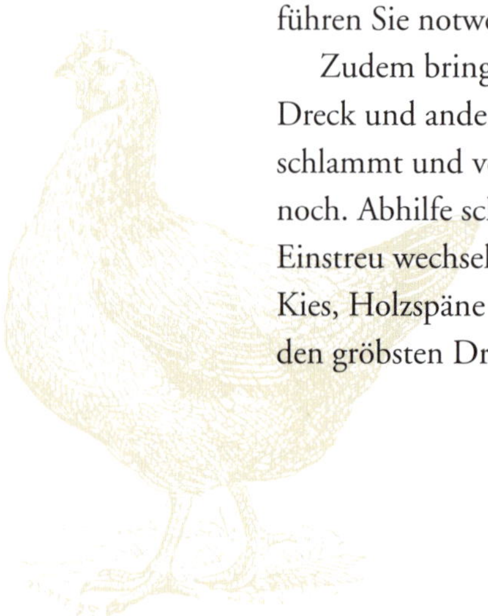

Zudem bringen bei schlechtem Wetter auch die Hühner selbst Nässe, Dreck und anderen Unrat in den Stall. Ist zudem der Auslauf verschlammt und voller Pfützen, verschlimmert dies die Situation natürlich noch. Abhilfe schafft bei Schlechtwetterperioden nur häufiges Putzen und Einstreu wechseln, um das Hühnerhaus trocken zu halten. Eine Schicht Kies, Holzspäne oder frisches Stroh am Fuß der Eingangsrampe entfernt den gröbsten Dreck von den Hühnerkrallen.

## BASISWISSEN HÜHNERSTALL

Es muss kein Luxushaus sein! Den Hühnern ist es egal, ob es 200 € oder 2000 € gekostet hat – solange es nachts Schutz bietet, trocken und zugluftfrei ist sowie ausreichend Platz und Legenester vorhanden sind, werden sie sich wohlfühlen.

*Feuchte Einstreu im Hühnerstall sollte unter allen Umständen vermieden werden. Eventuelle Schäden am Haus sollten daher unverzüglich beseitigt werden.*

# 09 Die Tränke färbt sich grün

## DAS PROBLEM

**Wird das Trinkwasser nicht oft genug gewechselt – vor allem bei warmem oder heißem Wetter –, können sich in der Tränke und an den Tränkenippeln Algen und Keime bilden.**

## DIE LÖSUNG

Verschmutzte, fleckige Tränken sind immer Zeichen eines schlechten Haltungsmanagements und stellen für die Vögel, die sie benutzen, aufgrund möglicher Verkeimung eine Gesundheitsgefahr dar. Es gibt keine Entschuldigung dafür, diese wichtigen Utensilien nicht sauber zu halten und das Wasser regelmäßig zu wechseln.

Am besten reinigt man Tränken einmal wöchentlich gründlich mit einem geeigneten ungiftigen Desinfektionsmittel. Viele Hühnerhalter empfehlen die Verwendung von Produkten zur Reinigung und Sterilisierung von Babyfläschchen, die sanft, aber effektiv sind.

Bei stark verschmutzten Tränken, denen man nur noch mit starken Reinigern und Bleichmitteln beikommen kann, müssen Sie unbedingt darauf achten, die Tränke vor dem Befüllen mit frischem Wasser mehrmals gründlich zu spülen.

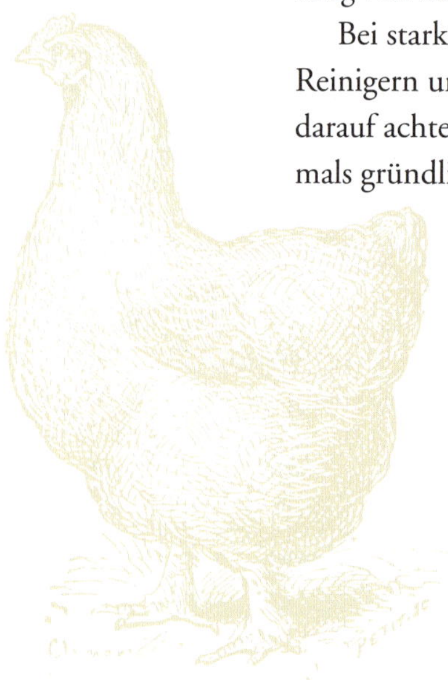

Tränken sollten sauber gehalten und stets mit frischem Wasser befüllt werden. Bei Schimmel- und Keimbefall verfärbt sich das Wasser und die Vögel werden krank.

## NATÜRLICHE REINIGER

Apfelessig ist ein Naturprodukt, das für Hühner eine prima Verdauungshilfe darstellt. Gibt man ein bis zwei Teelöffel Apfelessig in die Tränke, bleibt diese zudem länger sauber – allerdings gilt dies nur für Plastiktränken. Bei verzinkten Metalltränken sollte man darauf verzichten, da die Säure die Metallbeschichtung angreift.

# 10 Risse in der Tränke durch gefrorenes Wasser

## DAS PROBLEM

**Dieses Problem tritt oft in kalten Winternächten auf, wenn Wasser in Kunststofftränken belassen wurde und gefriert. Beim Gefrieren dehnt sich das Wasser aus und verursacht dabei in dem meist dünnen Kunststoff einen Riss, der nicht mehr zu reparieren ist.**

## DIE LÖSUNG

Man hat zwei Möglichkeiten, diesem ärgerlichen Problem beizukommen. Am einfachsten ist es, Kunststofftränken jeden Abend zu leeren, wenn nachts Frostgefahr droht. Diese Maßnahme hat sogar drei Vorteile: Erstens wird die Tränke nicht durch gefrierendes Wasser beschädigt. Zweitens werden die Vögel am nächsten Tag, wenn die Tränke wieder aufgefüllt wird, mit frischem, sauberem Wasser versorgt. Und drittens gibt es nur wenig, was schlimmer ist, als morgens in aller Eile zu versuchen, das gefrorene Wasser in einer Tränke aufzutauen, wenn man zur Arbeit oder die Kinder zur Schule bringen muss. Eine Tränke mit frischem Wasser zu befüllen geht viel schneller.

Alternativ könnten Sie auf Tränken aus Metall umsteigen, die deutlich robuster sind, morgens jedoch ebenfalls enteist werden müssen, wenn sie nicht am Vorabend geleert wurden. Sie sind zudem teurer, haben dafür aber in der Regel eine lange Lebensdauer. Kunststofftränken halten im Schnitt vier bis fünf Jahre, je nach Qualität und Einsatzort. Es empfiehlt sich also – egal welche Sorte Tränke man bevorzugt –, diese bei großer Kälte abends zu leeren (oder ins Warme zu bringen).

*Billige Kunststofftränken bestehen aus einem sehr dünnen Material, das schnell spröde wird und bei großer Kälte leicht reißt, wenn das Wasser darin gefriert. Stabile Gefäße von guter Qualität wie dieses hier können auch Wetterextremen standhalten.*

## NICHT AM FALSCHEN ENDE SPAREN

Bei der Fülle des im Internet angebotenen Zubehörs für Hühnerhaltung ist es schwer, Schnäppchenangeboten zu widerstehen, denn meist spart man hier am falschen Ende. Schließlich gibt es sicherlich einen Grund dafür, warum Futterspender, Tränken und Hühnerhäuser in der Schnäppchenabteilung zu Schleuderpreisen angeboten werden …

# 11 Meine Hühner fressen Mäuse!

## DAS PROBLEM

**Hühner sind Allesfresser und verschmähen daher weder pflanzliches noch tierisches Protein.**

## DIE LÖSUNG

Manche Halter mögen es vielleicht nicht gerne sehen, aber ihre niedlichen gefiederten, harmlosen Freunde werden begeistert alle Würmer, Frösche, toten Mäuse oder sogar Singvögel vertilgen, die ihnen unterkommen. Davon lassen sich Hühner nur abhalten, indem man sie in einem geschlossenen Auslauf hält, wobei man dann jedoch Gesundheit und Wohlbefinden der Hühner riskiert, wenn man nicht gegensteuert.

Die meisten Hühner lieben es, draußen zu sein und den ganzen Tag mit Futtersuche zu verbringen, in der Erde zu scharren und nach allem zu picken, was die Speisekammer der Natur so hergibt. Tatsache ist, dass sie davon sogar in vielerlei Hinsicht profitieren, denn Insekten und andere tierische Eiweißlieferanten versorgen sie mit zusätzlichen Nährstoffen, und Bewegung tut Muskelentwicklung wie Gesundheit gut.

Zudem hat es Auswirkungen auf ihr Wohlbefinden, denn Hühner sind von Natur aus freilaufende Tiere. Ihre wilden Vorfahren verbrachten den Großteil des Tages mit Futtersuche, und zwar aus reinem Überlebensinstinkt heraus. Dieses tief sitzende Bedürfnis haben auch unsere heutigen Haushühner noch, und sie der Möglichkeit zu berauben, es auszuleben, kann zu massiven Problemen führen. Hühner ohne Auslaufmöglichkeit langweilen sich schnell, was zu Stressreaktionen wie Federpicken führen kann. Stress schwächt zudem das Immunsystem, sodass die Tiere anfälliger für Krankheiten und Infektionen werden. Die Antwort auf dieses Problem lautet also: Lassen Sie sie einfach!

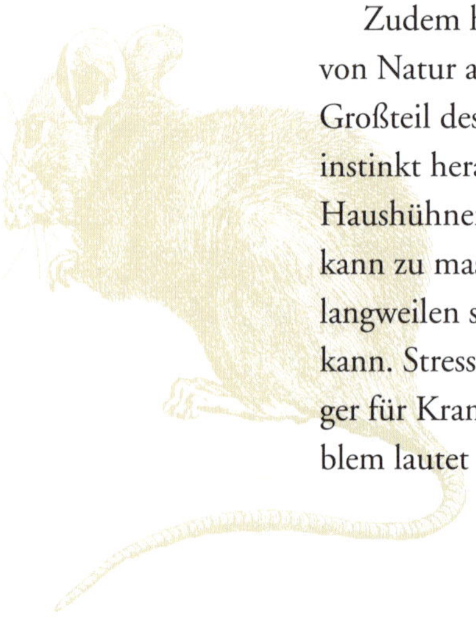

## EIN UNIKUM: DER KAUMAGEN

Hühner haben keine Zähne, dafür einen auch als »Kaumagen« bezeichneten Muskelmagen, der innen mit einer Hornlage überzogen ist. Das Futter wird durch Muskelbewegungen im Magen zerkleinert, wobei Kieselsteine, die die Hühner extra schlucken, den Mahleffekt noch verstärken.

*Sie sollten nicht überrascht sein, dass sich Ihre Hühner an allen möglichen Leckereien aus der Speisekammer von Mutter Natur laben.*

# 12 Ich habe Angst, dass meine freilaufenden Hühner giftige Pflanzen fressen

## DAS PROBLEM

**Im Internet findet man viele Empfehlungen, welche Pflanzen Hühner fressen dürfen und welche nicht, aber wie immer bei solchen Aussagen sind viele schlicht falsch.**

## DIE LÖSUNG

Wie die meisten Wildtiere scheinen auch Haushühner einen angeborenen Instinkt dafür zu haben, was sie fressen dürfen und was nicht. Mir ist kein einziger Fall bekannt, dass ein Huhn je durch etwas vergiftet wurde, das es gefressen hat, obwohl man in fast jedem Garten Pflanzen findet, die nicht ungefährlich sind.

Narzissen beispielsweise sind für Hühner giftig. In unserem Freigehege befinden sich etliche solcher Horste, die im Frühjahr wunderschön blühen, ohne dass es je Probleme gegeben hätte. Ab und zu habe ich Anzeichen dafür entdeckt, dass die Hühner an den gelben Blütenköpfen gepickt haben, aber mehr auch nicht. Ich sah noch nie einen Anlass, die Narzissen zu verpflanzen, und da die Hühner nicht in Kontakt mit den Blumenzwiebeln kommen, sind die Pflanzen für mich dort auch kein Problem.

Dennoch liste ich hier für alle Interessierten einige gängige Gartenpflanzen auf, die als potenziell giftig für Hühner gelten: Adlerfarn, Efeu, Eiben, Fingerhut, Glyzinien, Hortensien, Hyazinthen, Lupinen, Narzissen, Oleander, Ranunkeln, Rhabarber, Rhododendren, Rittersporn, Rosskastanien und Tulpen.

*Hühner, die frei im Garten herumlaufen dürfen, treffen auf viele Pflanzen, die potenziell gefährlich sind. Glücklicherweise sagt den Tieren aber offenbar ihr Instinkt, was sie fressen können und was nicht.*

## 2. KAPITEL

# UNTERBRINGUNG

Bei dem riesigen Angebot an Hühnerställen heute fällt einem die Entscheidung nicht leicht, doch ist es wichtig, hier die richtige Wahl zu treffen. Der Stall muss in der Größe der Zahl der Hühner, die darin untergebracht werden sollen, entsprechen sowie sicher, trocken und zugluftfrei sein. Im Idealfall wäre sogar genug Platz, um den Hühnern Bewegungsfreiheit zu garantieren, wenn sie sich bei schlechtem Wetter darin aufhalten müssen.

Die Kapazität des Stalls wird in der Regel nach dem verfügbaren Platz für Sitzstangen errechnet, wobei Hersteller und Verkäufer normalerweise von 20 cm je Vogel ausgehen. Dies mag ja ausreichen, wenn es um einen Sitzplatz zum Schlafen geht, aber weniger, wenn sich die Tiere auch tagsüber im Stall aufhalten sollen. Meist ist die Bodenfläche moderner, für die Hobbyhaltung gedachter Hühnerhäuser sehr klein, da sie als reine Schlafstätte konzipiert sind. Bedenken Sie dies bei Ihrer Wahl, vor allem wenn Sie in einer regenreichen Region wohnen.

Haben Sie sich für einen Stall entschieden, müssen Sie noch den richtigen Standort für ihn finden und darauf achten, ihn immer gut in Schuss zu halten. Überprüfen Sie ihn regelmäßig auf undichte Stellen oder andere Schäden, und erledigen Sie notwendige Reparaturen zeitnah. Das Gedeihen Ihrer Hühner hängt nicht zuletzt davon ab, ob sie sich in ihrem Haus wohl- und geborgen fühlen.

# 13 Ein außen angebrachter Nistkasten ist undicht

## DAS PROBLEM

**Bei vielen externen Nistkästen an Hühnerhäusern aus Holz schließen die Klappdeckel schlecht und haben breite Fugen sowie andere Öffnungen, durch die Wind und Regen eindringen können.**

## DIE LÖSUNG

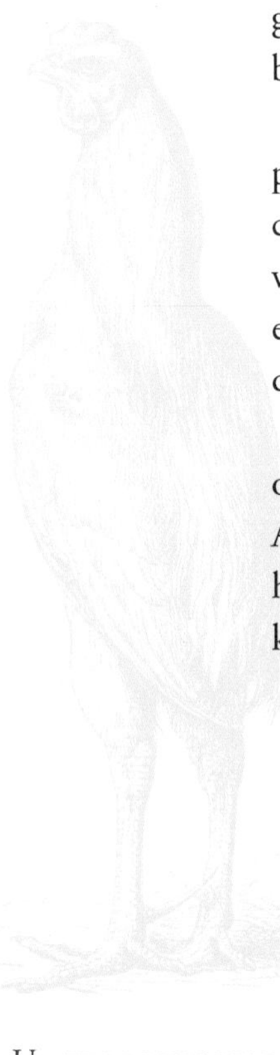

Sobald Wasser in den Nistkasten (oder anderswo in den Stall) eindringt, sollte schnell und gründlich Abhilfe geschaffen werden. Zuerst muss man herausfinden, wie und warum Wasser eindringt. Meist wird der Deckel das Problem sein, z. B. dass die Schrauben zur Befestigung der Klappe ganz durch das Holz gebohrt wurden und nun Wasser durch die Schraubenlöcher eindringt.

Häufiger jedoch liegt das Problem darin, dass der Deckel nicht richtig passt und zur Hauswand hin eine Lücke besteht. Denn je nachdem, welcher Scharniertyp verwendet wird, variiert die Breite des Spaltes, der notwendig ist, um den Deckel ganz öffnen zu können, damit man die Eier entnehmen kann. Hier muss das Scharnier nur etwas schief hängen oder das Holz verzogen sein, und schon kann Wasser eindringen.

In diesem Fall ist die einfachste Lösung, ein großes Stück Zelttuch oder eine gummierte Abdeckplane oberhalb des Nistkastendaches an die Außenwand des Hühnerhauses zu tackern, sodass es über den Kasten hängt – dadurch werden alle Spalten und Risse abgedeckt und das Wasser kann über die Kante abfließen.

*Mit einem Stück Teichfolie lässt sich ein undichtes Nistkastendach schnell und problemlos abdichten.*

## ÄUSSERLICHKEITEN

Sieht ein Hühnerhaus von außen gut aus, heißt das noch lange nicht, dass es auch im Inneren zweckmäßig ist. Da es sich um eine größere Investition handelt, sollte sich der Käufer jedoch vergewissern, dass seine Neuanschaffung praktisch, durchdacht und stabil ist, und nicht nur hübsch, aber völlig unzweckmäßig.

# 14 Die Einstreu riecht unangenehm

## DAS PROBLEM

**Einstreu beginnt nur zu stinken, wenn sie zu lange nicht gewechselt und der Stall nicht regelmäßig gereinigt wurde.**

## DIE LÖSUNG

Hühner sollten nie unangenehm riechen, genauso wenig ihr Stall oder ihr Auslauf. Tun sie es dennoch, liegt es daran, dass diese armen Kreaturen von ihren Haltern vernachlässigt werden, entweder weil ihnen ihre Tiere egal sind oder sie die Notwendigkeit eines guten Haltungsmanagements nicht einsehen. »Mäßig, aber regelmäßig« lautet auch bei der Hobby-Hühnerhaltung eine der wichtigsten Regeln. Ein paar Minuten am Tag sollte jeder zu opfern bereit sein, um zu prüfen, ob alles in Ordnung ist.

Täglich die Eier einsammeln und die Exkremente von der Einstreu entfernen ist nur eine Sache von Minuten, verbessert aber die Lebensqualität Ihrer Hühner enorm. Ziel sollte immer sein, das Hühnerhaus so sauber wie möglich zu halten, damit Ihre Vögel sich in einer gesunden und entspannenden Umgebung aufhalten. Mit Gummi- oder Gartenhandschuhen bzw. einer kleinen Schaufel lässt sich der Kot schnell und einfach entfernen und auf dem Kompost entsorgen.

Stress setzt Hühnern stark zu, und eine verdreckte Umgebung trägt viel dazu bei. Bei einer starken Verunreinigung der Einstreu durch Exkremente bildet sich Ammoniak, das nicht nur sehr unangenehm riecht, sondern bei den Tieren auch zu Augen- und Atemwegsreizungen sowie Hautverbrennungen führen kann. Mit zunehmender Verschmutzung nimmt auch das Risiko von Keim- und Schimmelbildung zu – weitere Quellen übler Gerüche und Gesundheitsrisiken.

## AB AUF DEN KOMPOST

Hühnerkot eignet sich gut zur Kompostherstellung: zwischen einzelne (15 cm dicke) Schichten Grünabfall immer eine 5 cm dicke Lage Exkremente aufbringen und anschließend alles verrotten lassen. Da der Kot relativ alkalisch ist, eignet er sich gut als Dünger für Pflaumenbäume, Schwarze Johannisbeeren und Gemüse, nicht jedoch für Kamelien, Azaleen, Rhododendren und andere kalkliebende Pflanzen.

*Wichtig ist, das Innere des Hühnerhauses immer sauber zu halten. Wenn es so dreckig ist, dass Sie keine Lust hätten, darin zu verweilen, warum wollen Sie es dann Ihren Hühnern zumuten?*

# 15 Im Hühnerstall ist es sehr staubig

## DAS PROBLEM

**Ist es im Hühnerhaus sehr staubig, wird eine falsche Bodeneinstreu verwendet; macht man des Weiteren zu selten oder nicht richtig sauber, verschlimmert sich das Problem noch.**

## DIE LÖSUNG

Eine wichtige Rolle bei der Hühnerhaltung spielt ein gesundes Umfeld, vor allem im Stall. Dies wird gerade von den Neulingen unter den Hühnerhaltern gerne übersehen, die meinen, es reiche völlig, den Hühnern ein Dach über dem Kopf zu verschaffen und ab und zu ein bisschen Einstreu hineinzuwerfen. Aber so einfach ist das natürlich nicht – es ist eher ein Balanceakt. Vor allem Nässe und Feuchtigkeit sind zu vermeiden, da sie zu ernsten gesundheitlichen Problemen führen können (siehe Problem 18). Auch Staub stellt ein großes Gesundheitsrisiko dar, da er Augenreizungen und Atembeschwerden hervorrufen kann. Dies ist einer der Gründe, warum es nicht ratsam ist, Heu – und bis zu einem gewissen Grad auch Stroh – als Einstreu zu verwenden. Beides ist sehr trocken und staubig und kann schädliche Sporen enthalten. Manche Halter nehmen Sägemehl, obwohl auch das oft recht staubig ist.

Heute sind jedoch zahlreiche Materialien erhältlich, die durch eine Spezialbehandlung staubfrei gemacht wurden und die wirklich empfehlenswert sind (als Einstreu sowohl für den Stallboden als auch für die Legenester). Einige sind sogar parfümiert oder mit ungiftigen Desinfektions- bzw. virenhemmenden Mitteln und Fungiziden behandelt, was sich durchaus bezahlt machen kann, ebenso, dass sie in der Regel stark absorbierend sind. All diese Eigenschaften tragen nicht nur zu einem trockenen und gesunden Umfeld bei, sondern verhindern auch die Bildung von Schimmel und Keimen. Natürlich hat das auch seinen Preis, aber viele Halter vertreten die Ansicht, das gute Gewissen rechtfertige die Extraausgaben.

*Einstreu im Stall – egal welcher Art – sollte immer staubfrei sein, um den Hühnern unnötige Gesundheitsprobleme zu ersparen.*

## VORSICHTSMASSNAHMEN

Auch wenn Hühnerkot harmlos aussieht und meist auch nicht unangenehm riecht, kann er bei allzu sorgloser Handhabung Gesundheitsprobleme hervorrufen. Beim Umgang mit verschmutzter Einstreu sollten Sie deshalb Vorsicht walten lassen: am besten Handschuhe tragen, andernfalls die Hände hinterher immer gründlich waschen.

# 16 Die Stalltür schließt nicht richtig

## DAS PROBLEM

**Die Scharniere klemmen, weil feuchte Einstreu oder Kot daran haftet oder, noch schlimmer, das Holz der Tür verzogen ist.**

## DIE LÖSUNG

Die Sicherheit Ihrer Hennen hängt nachts allein davon ab, wieviel Schutz der Hühnerstall bietet. Hierbei spielen dessen Stabilität, Aufbau und die Qualität der verwendeten Materialien eine große Rolle. Zudem müssen Eingänge und Türen mit manipulationssicheren Türriegeln verschließbar sein, damit es Füchsen auf keinen Fall gelingt, sie zu öffnen! Wichtig ist im Grunde also ein gutes Gesamtprodukt.

Dies garantieren in der Regel namhafte Hersteller, problematisch hingegen dürfte es bei etlichen der billigeren Bausatzhäuser sein, mit denen der Markt heute überschwemmt wird. Das größte Problem stellt hierbei die schlechte Qualität des Holzes dar, aus dem sie gefertigt werden – meist ist es zu dünn, nicht lange genug abgelagert und falsch behandelt, sodass es bei schlechtem Wetter sofort reißt und sich verzieht. Spätestens in einem nassen Winter offenbaren die Häuser dann ihre Mängel – offene Verbindungsfugen, verbogene Scharniere und andere Metallteile und Risse.

Natürlich kann man hier bis zu einem gewissen Grad nachbessern, und Risse können abgedeckt oder versiegelt werden, um das Haus wetterfest zu machen. Allerdings muss man damit rechnen, dass ein so lieblos zusammengezimmertes Haus nicht lange halten wird. Häufig ist es notwendig, die Türmaterialien durch hochwertigere, korrosionsbeständige zu ersetzen. Zu dünnes Holz kann eine Reparatur schwierig gestalten (ebenso dünne, minderwertige Schrauben, die Hersteller gerne verwenden, wenn sie die Produktionskosten möglichst niedrig halten wollen). Und oft muss das Holz durch Querlatten auf der Rückseite verstärkt werden, um das Anbringen besserer Scharniere mithilfe längerer Schrauben zu ermöglichen.

## SCHUTZMASSNAHMEN

Wie viel Schutz ein Hühnerhaus bietet, sollte als »zweitrangig« betrachtet werden, denn oberstes Ziel bei der Haltung von Hühnern sollte stets sein, etwaige Räuber schon vom Auslauf fernzuhalten, sodass sie gar nicht erst nahe genug an den Hühnerstall herankommen, um zu testen, ob dieser auch einbruchsicher ist.

*Um die Sicherheit der Hühner zu garantieren, sollten kaputte Türschlösser und rissige sowie zerbrochene Holzlatten unverzüglich repariert oder ersetzt werden.*

# 17 Die Dachpappe hat Risse

## DAS PROBLEM

**Auch Dachpappen altern mit der Zeit und werden rissig – natürlich schneller, wenn ihnen die Witterung sowie Hühner und Wildvögel stark zusetzen.**

## DIE LÖSUNG

Da gerade das Dach beim Hühnerstall wichtig ist, muss man stets dafür sorgen, dass es zu 100 Prozent intakt ist. Auch wenn einige Hersteller mittlerweile speziell für Dächer konzipierte Materialien wie das (langlebige und milbenabweisende) Onduline verwenden, bleiben viele beim traditionellen Dachtypus, der mit Dachpappe bedeckten Holzplatte. Dachpappe wird seit Jahrhunderten verwendet und besteht aus einer Mischung aus Pappe und Bitumen, auf die manchmal noch eine Schicht Sand, Kies oder Polymere aufgebracht ist, um sie widerstandsfähiger zu machen. Diese wasserdichte Abdeckung tut einige Jahre lang gute Dienste.

Mit der Zeit wird Dachpappe jedoch hart und brüchig. Die Einwirkung von Hitze im Sommer und Kälte im Winter führt dazu, dass sich die Pappe immer wieder zusammenzieht und ausdehnt, was das Brüchigwerden beschleunigt. Hühner, die aufs Dach fliegen und dort herumscharren sowie Wildvögel, die darauf herumpicken, beschleunigen den Verfallsprozess. Wichtig ist, dass man den Zustand der Dachpappe stets im Blick behält und brüchige zügig ersetzt, denn durch ein undichtes Dach gelangt Wasser ins Haus, das zu Fäulnis im Holz und hoher Luftfeuchtigkeit im Innern führt.

Es ist empfehlenswert, immer die gesamte Dachpappe zu erneuern und nicht nur einzelne Stellen auszubessern. Um ein wirksamer Schutz gegen die Witterung zu sein, muss sie sorgfältig angepasst und befestigt werden. Einfacher, aber teurer ist es (falls möglich), beim Hersteller ein Ersatzdach nachzubestellen.

*Das Dach eines Hühnerstalls sollte immer intakt sein, denn ein undichtes Dach führt zu Feuchtigkeit und Fäulnis im Haus – und das ist auch für Hühner nicht angenehm!*

## NETTE BLEIBE

Auch wenn Dachpappe bereits seit ewigen Zeiten zum Eindecken von Gartenhäusern verwendet wird, kann sie bei Hühnerhäusern zu Problemen führen. Ältere Pappen reißen nicht nur und werden undicht, sondern bieten auch einem der gefürchtetsten Schädlinge für Hühner Unterschlupf: der Roten Vogelmilbe.

# 18 Die Wände des Hühnerstalls werden nachts feucht

## DAS PROBLEM

**Verfügt das Hühnerhaus nicht über eine gute Durchlüftung, kondensiert nachts die von den schlafenden Vögeln abgegebene Feuchtigkeit, und der Stall verwandelt sich in eine Sauna – ein ernstes Problem, vor allem bei Überbelegung, das zu Gesundheitsschäden führen kann.**

## DIE LÖSUNG

Die Tatsache, dass Hühner eine hohe Körpertemperatur (in der Regel 40–41 °C) haben, aber nicht schwitzen und sich dadurch abkühlen können wie wir Menschen, macht es umso wichtiger, dass ihr Stall – vor allem nachts – gut belüftet ist. Zur Regulierung ihrer Körpertemperatur hecheln sie und schlagen mit den Flügeln, darum sollte die Luft im Stall stets kühl und trocken sein. Eine unzureichende Belüftung des Hühnerhauses, gekoppelt mit zu wenig Sauerstoff, ist ein Hauptverursacher von Stress und Krankheiten bei Hühnern.

Heute geht der Trend zu kleinen, leicht handhabbaren Hühnerställen, doch was für den Halter bequem sein mag, ist für die darin untergebrachten Vögel nicht immer von Vorteil. Am besten eignen sich Häuser mit viel Kopffreiheit oder solche mit zahlreichen Ventilationsschlitzen in den Wänden knapp unterhalb des Dachs. Beides sorgt dafür, dass die von den Vögeln nachts erzeugte feucht-warme Luft nach oben steigen und entweichen kann.

Manche Halter dichten im Winter zur Wärmedämmung die Ventilationsschlitze ab in dem Irrglauben, den Vögeln damit etwas Gutes zu tun, doch meist ist das Gegenteil der Fall: Es schadet ihnen mehr, als es ihnen nützt. Ein Hühnerstall muss auch im Winter gut belüftet sein.

## ANGEMESSEN BELÜFTET?

Hersteller von Hühnerställen, die unerfahren sind oder Kosten drücken wollen, ignorieren häufig die grundlegenden Bedürfnisse von Hühnern (oder kennen sie nicht), sodass die Ställe oft minderwertig und entweder schlecht belüftet oder zu zugig sind. Zu viele Abstriche an der Qualität schaden der Funktionalität des Stalles und somit auch den Hühnern.

*Gartenhäuser lassen sich prima in Hühnerställe verwandeln, denn sie sind geräumig genug, dass die Luft zirkulieren kann und es so innen nicht zu feucht wird – vorausgesetzt, man bringt an den Wänden unterhalb des Daches ein paar Lüftungsschlitze an.*

# 19 In der angebauten Voliere meines Hühnerhauses ist der Boden verschlammt

## DAS PROBLEM

**Stellt man ein Hühnerhaus mit angebauter Voliere nicht täglich an einen anderen Platz, ruiniert man den Boden.**

## DIE LÖSUNG

Hühnerställe mit angebauter Voliere sind äußerst praktisch und für wenig Platz (z. B. im Stadtgebiet) konzipiert. Allerdings sind gerade bei ihnen die richtige Besatzdichte, regelmäßiges Umsetzen und/oder die Anwendung der Tiefstreu-Methode (»Deep-Litter Method«) wichtig.

Werden Hühner auf so kleiner Fläche gehalten, muss man besonders darauf achten, dass es nicht zu viele sind – die Vögel sollen sich in ihrer beengten Umgebung ja wohlfühlen und nicht gestresst werden. Halten Sie sich also an die vom Hersteller empfohlene Besatzdichte oder nehmen Sie sogar ein paar Tiere weniger.

Stellt man die Stall-Auslauf-Kombination auf Rasen, sollte sie nicht länger als ein bis zwei Tage dort bleiben, denn selbst eine kleine Hühnerschar schafft es in wenigen Tagen durch ihr Picken und Scharren, die Grasnarbe dauerhaft zu schädigen. Ist ein Versetzen nicht so oft möglich, sollten Sie den Auslauf mit Stein- oder Betonplatten auslegen, diese mit einer dicken Schicht Einstreu (am besten Sägespäne) bedecken und Holzplatten an den Seiten anbringen, um sie vor Regen zu schützen. Die Einstreuschicht muss so tief sein, dass die Hühner darin scharren können und Exkremente absorbiert werden (falls man sie nicht einsammelt). Diese sogenannte Tiefstreu-Methode bedarf sorgfältiger Pflege, damit man nicht Gesundheit und Wohlbefinden der Hühner riskiert; einmal pro Jahr muss die Tiefstreu komplett ausgetauscht werden.

## AMÜSIEREN SIE SICH?

Bei Hühnern, die auf einen kleinen, feststehenden Auslauf beschränkt sind, darf nie Langeweile aufkommen. Lässt sich der Auslauf nicht regelmäßig versetzen, bieten Sie den Tieren Unterhaltung: Holzstämme, Heuballen, Grünzeug zum Picken und Scharrfutter.

*Lassen Sie den Auslauf verschlammen, ist dies für Sie lästig und für Ihre Vögel unangenehm.*

# 20 Mein Hühnerstall ist umgefallen

## DAS PROBLEM

**Häufigste Ursachen für ein Umfallen des Hühnerstalls sind – abgesehen von Wind und Wetter – ein schlecht gewählter Standort oder ein minderwertiges Produkt.**

## DIE LÖSUNG

Der Standort für eines der heute recht leichten Hühnerhäuser will wohlüberlegt sein. Soll es auf freiem Feld stehen, muss das Haus vor Wind geschützt oder, falls dies nicht möglich ist, mit Pfosten und Bolzen fest in der Erde verankert werden.

Auch der Dachtyp spielt eine Rolle. Ein Haus mit Pultdach (ein durchgehendes, leicht geneigtes Flachdach) wird am besten mit dem tiefer liegenden Teil zum Wind hin aufgestellt, sodass es wenig Widerstand bietet und der Wind darüberstreichen kann. Häuser mit Satteldach sind weniger windanfällig; dennoch ist es ratsam, sie quer zum Wind zu stellen, damit er nicht auf die flache Vorder- oder Rückseite des Hauses trifft.

Hühnerställe sollten deutlich erhöht stehen (mind. 20 cm), damit Mäuse und Ratten darunter keine Nester bauen können (was unter anderem die Standfestigkeit mindert), und natürlich, wie bereits erwähnt, an einem windgeschützten Ort. Zudem zahlt es sich aus, sich das beste Produkt zuzulegen, das man sich leisten kann, d. h. eines mit einer Wandstärke von mindestens 10 mm. Wer dann immer noch Bedenken hat, kann das Haus zusätzlich mit Zaunpfosten aus Holz oder Metall im Boden verankern und bei Sturm das Dach mit Gehwegplatten oder Ziegelsteinen beschweren.

## BESSER KEIN SCHNÄPPCHEN!

Die Hobby-Hühnerhaltung ist heute so beliebt, dass sich der Markt längst darauf eingestellt hat. Bei der Vielzahl an Anbietern von Hühnerställen kann man leicht den Überblick verlieren, zudem gibt es enorme Qualitätsunterschiede. Die Zahl der Hersteller, die immer billigere Ware anbieten, wächst stetig und mit ihnen die im Schnellverfahren zusammengezimmerten Hühnerställe. Manche gibt es sogar schon als Bausatz zum Selbstaufbau.

*Achten Sie immer darauf, wo Sie das Hühnerhaus hinstellen, damit es auch bei stürmischem Wetter geschützt steht. Vorteilhaft sind Standorte in der Nähe von Zäunen oder eines natürlichen Windschutzes, z. B. zwischen Bäumen.*

## 3. KAPITEL

# AUSLAUF UND FREIGEHEGE

Für einen Auslauf benötigt man Platz, und der ist – gerade in Städten – begrenzt. Insofern werden viele Hühnerhalter hier wohl Kompromisse eingehen müssen. Planen Sie realistisch: Ein Auslauf muss der Art und Zahl der Hühner entsprechen, also groß genug sein, dass sich die Hühner frei bewegen können, sowie stabil genug, damit nicht so schnell Verschleißerscheinungen auftreten.

Bedenken Sie auch, dass Hühner jedes Fleckchen nutzen, das man ihnen zugesteht, und gerade in Hausgärten ist Platz oft Mangelware. Außerdem müssen weitere Gartennutzer berücksichtigt werden: Nicht jedes Familienmitglied möchte den kompletten Garten an die Hühner abtreten oder beim Entspannen einen Hühnerstall vor der Nase haben.

Wer sich nur ein paar Hühner zulegen will, kann mithilfe relativ unauffälliger Elektro-Geflügelzäune in Schwarz oder Grün rasch einen mobilen Auslauf bauen – für das Auge sicherlich erfreulicher als ein mit Maschendraht und Pfosten gebautes, dauerhaft stehendes Freigehege.

Ein weiteres wichtiges Kriterium beim Bau eines Auslaufs ist die Sicherheit. Wer sich für einen Elektrozaun entscheidet, muss sich möglicher Probleme bewusst sein. Doch gibt es viele Möglichkeiten, um den Freilauf für Hühner sicher und abwechslungsreich zu gestalten.

# 21 Meine Hühner machen sich immer aus dem Staub

## DAS PROBLEM

**Am häufigsten gelingt Hühnern das Ausbüxen aus ihrem Freigehege (vorausgesetzt, die Tür wurde nicht offen gelassen!), wenn dieses nicht ordentlich eingezäunt ist oder weil sie es schlicht und einfach überfliegen.**

## DIE LÖSUNG

Die meisten Hühner können nicht gut fliegen. In der Regel sind Bantamhühner bessere Flieger als ihre großen Verwandten, die Haushühner, und »leichte« Rassen (die meist aus dem Mittelmeerraum stammen wie Leghorn, Spanier und Minorka) sind erwartungsgemäß bessere Flieger und zudem neugieriger und unternehmungslustiger als die größeren, »schweren« Rassen.

Doch auch die schlechtesten Flieger schaffen es problemlos, mit ein paar kräftigen Flügelschlägen einen 1 m hohen elektrischen Standard-Geflügelzaun, wie er gerne im Privatbereich eingesetzt wird, zu überwinden. Um eine Flucht effektiv zu verhindern, muss der Zaun also höher und zudem fest installiert sein.

Dies wiederum bedeutet, dass man mit seiner Hühnerhaltung hinsichtlich Baumaßnahmen, Kosten und Optik in eine ganz neue Dimension vorstößt. Ein ausbruchsicherer, fest installierter Zaun muss mindestens 2 m hoch sein und aus strapazierfähigem Maschendraht mit fest in der Erde verankerten Pfosten bestehen. Die Eckpfosten müssen dick, stabil und einbetoniert (und am besten mit Diagonalstreben abgestützt) sein, da sie dem Zaun Stabilität und Spannung verleihen. Auch sollte man überlegen, ob man den Zaun unter Strom setzt, da ein starrer Drahtzaun für einen entschlossenen Fuchs kein Hindernis darstellt (er ist ein hervorragender Kletterer). Dazu zieht man am Fuß, auf halber Höhe und oben im Zaun Kunststoff-Litzen oder -Gewebebänder als Stromleiter ein.

*Hühner fühlen sich auf offenen Flächen schutzlos, deshalb suchen sie beim ersten Anzeichen einer Bedrohung oder bei einsetzender Dämmerung einen erhöhten Sitzplatz auf.*

# 22 Ein Fuchs hat meine Hühner gerissen

## DAS PROBLEM

**Füchsen gelingt es nur, Hühner zu reißen, wenn diese nicht ausreichend gesichert sind, z. B. weil der Zaun ungeeignet ist oder die Elektrik versagt bzw. man vergessen hat, ihn unter Spannung zu setzen.**

## DIE LÖSUNG

Man sollte Elektrozäune nicht als ultimative Lösung zur Vertreibung von Räubern betrachten – sie bedürfen einer regelmäßigen und sorgfältigen Wartung, um einwandfrei zu funktionieren. Zudem haben Füchse Territorien, die sie regelmäßig patrouillieren, und liegt Ihr Garten mit Hühnerauslauf zufällig in diesem Gebiet, wird der Fuchs den Elektrozaun jedes Mal auf Strom überprüfen, wenn er vorbeikommt. Füchse scheinen einen sechsten Sinn dafür zu haben, ob der Zaun unter Spannung steht, und wenn nicht, ist es ein Leichtes für ihn, den Zaun zu überwinden.

Bei batteriebetriebenen Systemen besteht immer das Risiko eines Stromausfalls. Im Idealfall hat man immer eine geladene Ersatzbatterie zur Hand, um die leere schnellstmöglich austauschen zu können. Eine Batterie hat nur eine begrenzte Lebensdauer – kennt man diese, kann man sie rechtzeitig austauschen und dadurch unnötige Ausfallzeiten vermeiden, die den Hühnern gefährlich werden können. Ein Kurzschluss (bei dem der Strom in den Boden abfließt, wenn etwas den Zaun berührt) sollte unbedingt vermieden werden, da er die Lebensdauer der Batterie deutlich verkürzt.

Zur täglichen Routine sollte auch das regelmäßige Überprüfen der Spannung im Zaun mit einem Spannungsprüfer gehören. Um Räuber effektiv abzuschrecken, benötigt ein Elektrozaun eine Spannung von 5.000–6.000 Volt. Deutliche niedrigere Spannungen – wenn beispielsweise die Batterie leer wird – erspüren Füchse auf der Pirsch sofort und können sie veranlassen, den Zaun zu überspringen.

# 23 Die Elektrozaunbatterie ist immer schnell entladen

## DAS PROBLEM

**Dafür kann es zahlreiche Gründe geben, beispielsweise ein falscher Batterietyp, unsachgemäßes Aufladen, ein alternder Akku oder ein durch einen unbeabsichtigten Kurzschluss verursachten Stromabfluss.**

## DIE LÖSUNG

Sie sollten der Wartung wiederaufladbarer Batterien hohe Priorität einräumen. Kaufen Sie sich ein Spannungsmessgerät (Voltmeter), um regelmäßig die Ladung Ihrer Batterie überprüfen zu können, und achten Sie darauf, dass Sie sie immer richtig aufladen. Moderne Ladegeräte bieten oft eine »Schnelles Aufladen«-Funktion (»fast charge«) an, doch sollte man diese nur im Notfall nutzen, denn eine Batterie ist deutlich langlebiger, wenn sie langsam aufgeladen wird.



Auch die alte Autobatterie, die sich vielleicht noch in Ihrer Garage findet, eignet sich nicht zum Anschließen an einen Elektrozaun. Sie mag zwar anfangs ganz gut funktionieren, jedoch sind Autobatterien nicht dafür ausgelegt, ständig tiefentladen zu werden, was beim Betrieb eines Weidezaungerätes aber der Fall ist. Besser geeignet sind 12-V-Versorgerbatterien, wie sie für Wohnwagen und Golfbuggies verwendet werden.

Auch das Alter der Batterie kann eine Rolle spielen. So wie Ihre Autobatterie nach etwa vier bis fünf Jahren ihren Geist aufgibt, hält auch eine Weidezaunbatterie nicht ewig. Wenn als typisches Anzeichen für eine alternde Batterie die Betriebszeit bis zum erforderlichen Wiederaufladen immer kürzer wird, können Sie rechtzeitig eine neue besorgen.

Je länger der Zaun, desto größer ist auch das Risiko ungewollter Entladungen, und zwar einfach deshalb, weil im Frühjahr und Sommer die Vegetation stärker wächst, aber auch, weil eine größere Strecke Zaun überprüft werden muss. Es ist wichtig, alle zwei Tage den gesamten Zaun abzugehen und nach möglichen Problemen Ausschau zu halten.

# 24 Die Zaunspannung ist zu niedrig

## DAS PROBLEM

**Ursache für eine zu niedrige Spannung in einem Elektrozaun können eine fehlerhafte oder falsche Batterie, schlechte Erdung, verschmutzte Anschlüsse oder eine zu geringe Batterieladung sein.**

## DIE LÖSUNG

Ein Elektrozaun ist nur so gut wie die Spannung in seinen Drähten. Ist diese zu niedrig, verfehlt der Zaun seinen Zweck. Ganz wichtig ist zudem bei einem Elektrozaun, dass die Stromquelle der Länge des Zauns gewachsen ist. Wird ein Auslauf vergrößert, indem man den Zaun um ein paar zusätzliche Netze verlängert, können Weidezaungeräte schnell an ihre Leistungsgrenze stoßen.

Ebenfalls zu berücksichtigen ist, dass die angegebene Ausgangsleistung – und die für diese empfohlene maximale Zaunlänge – stets für den Einsatz unter Idealbedingungen gilt. Nun ja, jeder weiß, dass in der realen Welt selten »Idealbedingungen« herrschen, weshalb Ärger vorprogrammiert ist, wenn man das Gerät bis an seine Leistungsgrenze fährt. Bei Weidezaungeräten sollte man lieber eine kleine Leistungsreserve einplanen, die hilft, mit den früher oder später immer mal auftretenden Ableitungen besser fertigzuwerden.

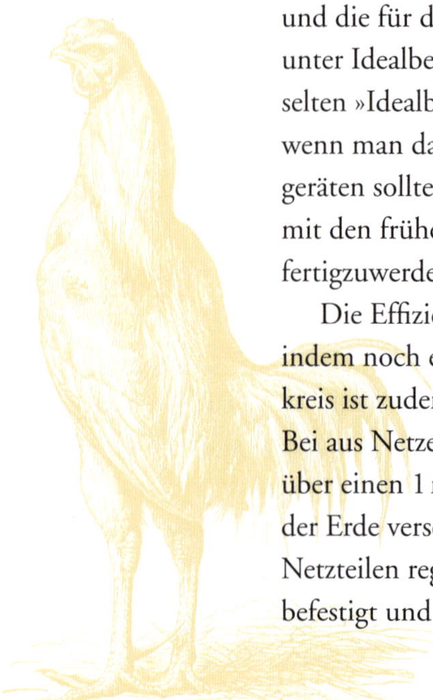

Die Effizienz des Gerätes kann bei längeren Zäunen gesteigert werden, indem noch einige Pfosten hinzugefügt werden. Wie bei jedem Stromkreis ist zudem eine gute Erdung notwendig, sonst fließt kein Strom. Bei aus Netzen zusammengesetzten Weidezäunen wird eine Erdung meist über einen 1 m langen metallenen Erdungsstab erreicht, der komplett in der Erde versenkt wird. Des Weiteren sollten alle Verbinder zwischen den Netzteilen regelmäßig daraufhin überprüft werden, ob sie noch richtig befestigt und sauber sind.

## SCHOCKWIRKUNG

Lassen Sie sich nicht von der Vorstellung abschrecken, dass Tausende von Volt durch einen elektrischen Geflügelzaun schwirren – das ist nicht so schlimm, wie es klingt. Solche Zäune werden auch von Hobbyhaltern häufig eingesetzt, da mobile Elektrozäune eine äußerst flexible und effektive Fuchsabwehr darstellen.

*Ein Zaunprüfer ist ein unverzichtbares Werkzeug für die Überprüfung der Spannung am Zaun. Die Drähte müssen ordentlich unter Spannung stehen, um eine abschreckende Wirkung zu erzielen.*

# 25 Ich höre den Elektrozaun knacken

## DAS PROBLEM

**Dieses Knacken deutet darauf hin, dass es einen Kurzschluss im System gibt und der Elektrozaun dadurch in seiner Funktion beeinträchtigt ist.**

## DIE LÖSUNG

Über alles, was mit dem Elektrozaun in Berührung kommt, wie beispielsweise Pflanzen, kann Strom in die Erde abfließen, sodass ein Kurzschluss einsteht. Alle Pflanzen, die weniger als 20 cm von der Zaunbasis entfernt stehen, stellen – vor allem bei feuchtem Wetter, aber auch schon bei starker Taubildung – ein Kurzschlussrisiko dar.

Bei solchen Bedingungen ist es gut möglich, dass man ein regelmäßiges Knacken hört – es entsteht, wenn der Strom über die feuchte Vegetation, die den Zaun berührt, abfließt und die Spannung dadurch abfällt. Ist die Spannung im Zaun jedoch nicht hoch genug, kann dies ein vorbeikommender Räuber nutzen, um ihn zu überwinden. Wird der Elektrozaun durch eine Batterie betrieben, verkürzen derartige Kurzschlüsse ihre Lebensdauer oft erheblich.

Deshalb ist es wichtig, den Bewuchs an Elektrozäunen stets niedrig zu halten, z. B., indem man entlang des Zauns ein Unkrautvlies verlegt. Allerdings muss dieses bei Versetzen des Auslaufs wieder entfernt werden. Unkrautvernichtungsmittel kann man ebenfalls in Erwägung ziehen, doch sollten giftige Produkte in der Nähe von Hühnern nur mit großer Vorsicht angewendet werden. Die meisten Halter ziehen es vor, Gras und Unkraut regelmäßig mit einem Rasentrimmer in Schach zu halten. Zwar muss man dazu den Zaun ein kleines Stück versetzen, aber mit etwas Hilfe dürfte dies kein Problem sein.

*Der Wildwuchs auf der Außenseite dieses elektrischen Geflügelzauns wurde lange nicht beseitigt und berührt die stromführenden Drähte, was die Funktion des Zauns beeinträchtigt. Um dies zu verhindern, sollte man Blätter, Gräser und tief hängende Zweige entfernen.*

# 26 Im Boden des Auslaufs sind plötzlich Löcher

## DAS PROBLEM

**Löcher im Auslauf stammen meist von den Hühnern selbst, eventuell aber auch von Ratten (sind dann jedoch deutlich kleiner). Löcher außerhalb des Geheges gehen meist auf das Konto von Füchsen oder Dachsen, die versucht haben, sich unter dem Zaun durchzugraben, um an die Vögel heranzukommen.**

## DIE LÖSUNG

Hühner können erstaunlich gut graben und nutzen die Vertiefungen dann für ausgiebige Staubbäder. Man findet daher im Gehege häufiger Löcher an sehr trockenen Stellen, z. B. unter dem Stall oder unter Büschen und Hecken. Solange die Zahl der Löcher nicht überhandnimmt und nicht der komplette Rasen im Auslauf vernichtet wird, dürfte dies kein Problem sein. Wen es stört, der kann Staubbäder in Form von sandgefüllten Schüsseln aufstellen.

Das Auftauchen von Ratten gibt allerdings tatsächlich Anlass zur Sorge. Haben sie sich unter einem direkt auf der Erde stehenden Hühnerstall häuslich niedergelassen, ist dies meist an kleinen, runden Löchern nahe der Stallbasis erkennbar. Ratten übertragen nicht nur Krankheiten, sondern schaden auch dem Stall selbst durch Benagen des Holzes – sodass er undicht und zugig wird – und fressen Eier oder sogar Küken. Deshalb sind vorbeugende Maßnahmen gegen Nagetiere wichtig.

Kratzer, Nage- und Grabspuren sowie andere Bodenveränderungen außerhalb des Freigeheges sind immer Anzeichen dafür, dass Räuber wie Füchse, Dachse oder Nerze versucht haben hineinzugelangen. Haben sie es geschafft, war der Elektrozaun nicht abschreckend genug – vielleicht weil die Spannung aufgrund von Batterieproblemen oder eines Kurzschlusses zu weit abgefallen war.

*Löcher innerhalb des Auslaufs stammen meist von den Hühnern selbst – sie entstehen beim Scharren nach Wurzeln und Insekten oder wenn sich die Vögel ein Staubbad genehmigen. Grabspuren außen am Zaun geben jedoch Anlass zur Sorge.*

# 27 Die Hühner sitzen dicht gedrängt unter der Hecke

## DAS PROBLEM

**Hühner brauchen Deckung, sowohl aus einem inneren Schutzbedürfnis heraus als auch zum Schutz vor heißer Sommersonne. In einem kahlen Freigehege suchen sie Zuflucht unter dem nächstbesten Schutzdach, das sie finden können, und sei es eine Hecke.**

## DIE LÖSUNG

Haushühner fühlen sich nur wohl und geborgen, wenn sie ein Dach über dem Kopf haben. Da sie sich instinktiv vor Bedrohungen aus der Luft, z. B. Raubvögeln wie Adlern, fürchten, brauchen sie um ihres Seelenfriedens willen in ihrem Auslauf einen Zufluchtsort, idealerweise große Büsche oder Bäume.

Ist dies nicht möglich, kann man leicht mithilfe von Strohballen, Schafhürden und Wellblech oder Sperrholzplatten selbst einen Unterschlupf bauen. Es muss nichts Kompliziertes sein; ein luftiger, aber geschützter Unterstand, groß genug, um bei Bedarf allen Tieren gleichzeitig Schutz zu gewähren, reicht. Auch improvisierte Sitzstangen sind willkommen, und natürlich genügend Platz für Löcher zum Staubbaden.

Trockene Erde findet sich häufig am Fuß von Büschen und Hecken, weshalb sich Hühner gern solche Plätze zum Staubbaden aussuchen und dort Löcher in den Boden scharren, um ihrem natürlichen Trieb nachzukommen. Wollen Sie das nicht, müssen Sie ihnen ein fertiges Staubbad anbieten, z. B. in Form einer großen, niedrigen Kiste, die zur Hälfte mit einer Mischung aus trockener Erde, sauberem Bausand, Holzasche vom Lagerfeuer und Kieselerde (Nahrungsergänzungsmittel) gefüllt ist. Staubbaden ist ein wichtiger täglicher Bestandteil im Leben freilaufender Hühner und dient zur Bekämpfung von Parasiten wie Läusen, Milben und Flöhen. Gibt man seinen Hühnern die Möglichkeit, Staubbäder zu nehmen, erhöht man damit ihre Lebensqualität enorm.

## FREILAUF NICHT OHNE DECKUNG

Kaum etwas verwirrt und beunruhigt Hühner mehr, als sie mitten auf einem großen, offenen Feld auszusetzen. Ursprünglich im Dschungel beheimatet, setzt es sie enorm unter Stress, wenn sie weder Deckung noch Schutz finden können – und dies kann sich wiederum äußerst nachteilig auf ihre Gesundheit und Legeleistung auswirken.

*Hühner kauern sich im Freigehege unter jede Art von Dach – eben alles, was Schutz bietet.*

# 28 Meine Hühner scheinen sich zu langweilen

## DAS PROBLEM

**Kleine, kahle Freigehege mit wenig Grün und ohne jegliche Zerstreuungsmöglichkeit können auch bei Hühnern zu Lethargie, Depression und anderen Krankheiten führen.**

## DIE LÖSUNG

Hühner sind im Allgemeinen gesellig, neugierig und unternehmungslustig. Ein angeborener Trieb veranlasst sie dazu, weiträumig nach Futter zu suchen, und durch Begrenzungen werden sie daran gehindert. Deshalb ist es so wichtig, dass Halter den geringen zur Verfügung stehenden Platz für ihre Hühner so interessant und abwechslungsreich wie möglich gestalten – je weniger Platz, desto wichtiger sind solche attraktiven Angebote.

Man muss kein Vermögen ausgeben, um seinen Hühnern den Alltag spannender zu gestalten: ein oder zwei Strohballen und einige große Holzklötze oder Ähnliches zum Draufsitzen sind nicht schwer zu beschaffen. Hängt man frisches Grünzeug in Form von Kohl- und Salatköpfen oder Rosenkohl an Schnüren auf, hat man im Nu eine spannende, leckere Nahrungsquelle; hängen diese zudem etwas über Kopfhöhe, müssen die Hühner sich recken und hüpfen, um sie zu erreichen, was sie fit hält und ihre Kondition verbessert – ebenfalls sehr wichtig für Vögel, die relativ beengt auf kleinem Raum leben. Auch alte CDs, die sich glitzernd in der Sonne drehen, werden sicherlich ab und zu neugierig bepickt.

Beim Abräumen von Gartenbeeten sollte man ebenfalls an seine Hühner denken: sie lieben frische Stängel und Wurzeln, vor allem, wenn darin noch der eine oder andere Wurm steckt. Sogar Rasensoden oder aufgerissene Pflanzsäcke mit Wurzeln bieten eine tolle Abwechslung.

*Es ist weder schwer noch teuer, seine Hühner fit zu halten und ihnen Zerstreuung zu bieten: frisches, aufgehängtes Grünzeug ist so unterhaltsam wie gesund.*

# 29 Meine Hühner fressen mein Gemüse

## DAS PROBLEM

**Hält man Hühner nicht durch Zäune davon ab, scharren und picken sie sich fröhlich durch sämtliche Blumenrabatten und Gemüsebeete – und zwar erstaunlich schnell!**

## DIE LÖSUNG

Die meisten Hühner richten beträchtlichen Schaden an, wenn man sie frei durch den Garten wandern lässt – und Respekt vor seltenen Pflanzen, schönen Einzelexemplaren oder ordentlich angelegten Kohlbeeten haben sie schon gar nicht. Lässt man sie gewähren, werden sie alles probieren, worauf sie Lust haben. Will man bestimmte Pflanzen oder Gemüse vor Hühnern schützen, muss man entweder die Vögel fernhalten oder Pflanzen und Beete schützen. Am besten schafft man eine »Hühner haben keinen Zutritt«-Zone, immer vorausgesetzt, es gelingt auch, seine gefiederten Freunde aus dieser draußen zu halten. Vergessen Sie nicht, dass ein fest entschlossenes Huhn mit etwas Leckerem vor dem Schnabel hoch genug flattern kann, um niedrige Zäune und Hecken zu überwinden, weshalb eine Zaun relativ (mindestens 2 m) hoch sein muss. Die einfachste Lösung wäre, den Vögeln die Flügel zu stutzen – solange man nicht plant, mit ihnen auf Ausstellungen zu gehen.

Alternativ dazu kann man auch Abdeckungen für Obststräucher und Gemüsebeete kaufen bzw. bauen oder, noch einfacher, Hochbeete anlegen. Lassen Sie zum Saisonende jedoch Ihre Hühner die Gemüsebeete abräumen, denn das hat für beide Seiten Vorteile: Die Hühner genießen es, nach Insekten und Würmern zu scharren, gleichzeitig befreien sie die Beete von Unkraut und düngen den Boden. Einige Halter setzen ihre Hühner sogar gezielt ein bis zwei Tage auf ein eingezäuntes Beet, damit sie die Erde gründlich »umgraben«.

## SCHARREN

Machen Sie sich Gedanken über den Schaden, den Hühner in gepflegten Blumenrabatten anrichten können. Achten Sie darauf, welche Rasse Sie sich zulegen. Allgemein gilt, dass Hühner mit gefiederten Beinen weniger scharren als jene mit nackten Beinen, und auch Bantams sind nicht so destruktiv wie große Rassen.

*Hühner können dem Garten viel Gutes tun, indem sie beispielsweise Insekten vertilgen, aber in kostbaren Blumen- und Gemüsebeeten auch beträchtlichen Schaden anrichten.*

# 30 Ich weiß nicht, ob mein Auslauf eine Überdachung braucht

## DAS PROBLEM

**Zu viel Regen, schlechte Bodenqualität, Übergriffe von Wildvögeln oder fehlender Schatten sind alles gute Gründe, um einen Hühnerauslauf ganz oder teilweise zu überdachen.**

## DIE LÖSUNG

Wenn die Bodenqualität im Auslauf zu wünschen übrig lässt, sie diesen aber weder versetzen noch vergrößern können, um den Vögeln mehr Platz zu verschaffen, dann ist eine Überdachung die beste Lösung. Sie sorgt nicht nur dafür, dass der Boden besser vor den Elementen geschützt ist, sondern bietet den Bewohnern an sonnigen Tagen auch etwas Schatten und im Winter Schutz vor Nässe und Kälte, während sie etwas frische Luft schnuppern. Wollen Sie lediglich Wildvögel draußen (und Ihre Vögel drinnen) halten, reicht es, ein ausreichend großes Netz über den Auslauf zu spannen.

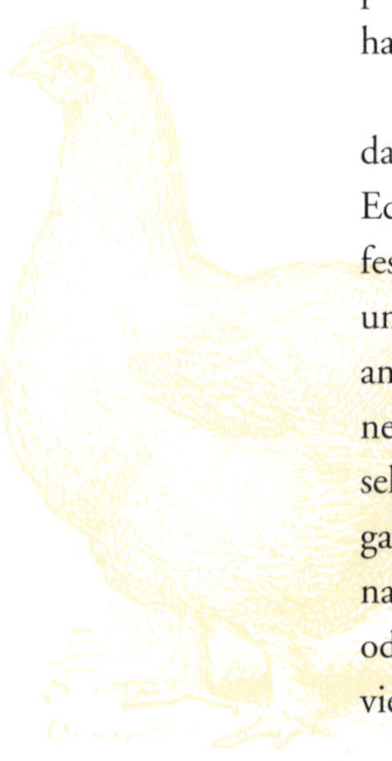

Wer sich für ein stabileres Dach entscheidet, muss bedenken, dass man dafür entsprechend belastbare Tragbalken benötigt, vor allem an den Ecken und eventuell auch in der Mitte. Ist der Auslauf bereits von einem festen Zaun umgeben, sind die Eckpfosten möglicherweise stark genug, um auch noch ein Dach zu tragen. Falls nicht, muss man ganz von vorne anfangen, d. h. Eckpfosten setzen und einen Dachstuhl bauen. Gut geeignet für die Dacheindeckung sind Onduline-Bitumenwellplatten; sie sind sehr dauerhaft, aber auch relativ teuer. Wellblech ist billiger und nicht ganz so gut, doch ebenso zweckmäßig, relativ leicht und belastbar. Alternativ können Sie auch durchsichtige Kunststoff-Wellplatten verwenden oder diese mit »stabileren« Materialien kombinieren – je nachdem, wie viel Zeit und Geld Sie in das Projekt investieren wollen.

## DAS ZAUNMATERIAL

Auch die Qualität des Zaunmaterials ist beim Bau eines Auslaufs wichtig. Leider keine gute Wahl ist der sogenannte Hühnerdraht: er ist definitiv zu weich, und entschlossene Räuber wie Ratte, Fuchs oder Dachs können ihn problemlos durchbeißen. Echten Schutz bietet nur ein fest verschraubtes, stabiles, wenn auch nicht ganz so hübsches Drahtgitter.

*Hält man flugfähige Hühner in einer städtischen Umgebung und macht sich Sorgen, dass sie ausbüxen, kann man zu seiner Beruhigung das Freigehege auch überdachen.*

## 4. KAPITEL

# NAGETIERE UND ANDERE SCHÄDLINGE

Leute, die selbst keine Hühner haben, werfen Hühnerhaltern oft vor, mit ihrem Hobby Nagetiere, und hier insbesondere Ratten, anzuziehen. Doch Tatsache ist, dass Ratten schon überall sind: Jeder Komposthaufen, Holzstapel und Gartenschuppen, ja selbst im Freien aufbewahrtes Baumaterial bietet diesen anpassungs- und widerstandsfähigen Tieren Zuflucht.

Natürlich können unerfahrene Hühnerhalter einiges falsch machen und dadurch die Wahrscheinlichkeit erhöhen, dass sich Ratten speziell für ihren Hühnerstall interessieren. Doch mit etwas Voraussicht, guter Planung und vernünftigem Haltungsmanagement gibt es keinen Grund, warum gerade die Hühnerhaltung Nager anziehen sollte – schließlich locken artgerecht gehaltene Hühner auch keine Mäuse und Fliegen an. Im Gegenteil: Jeder Gärtner in der Umgebung sollte den Hühnern dafür danken, dass sie die Schneckenpopulation in Schach halten.

Allerdings zahlt es sich aus, für alle Eventualitäten gerüstet zu sein. In diesem Kapitel finden Sie deshalb Anregungen, wie Sie mit potenziellen Schädlingen wie Ratten fertigwerden, aber auch praktische Tipps, um Räuber wie Füchse oder Raubvögel davon abzuhalten, Ihren Hühnern einen unwillkommenen Besuch abzustatten.

# 31 Meine Hühner verschwinden

## DAS PROBLEM

**An warmen, sonnigen Tagen ist man immer versucht, die Küken in den Auslauf zu lassen, doch sind sie gerade dort (wie die älteren Hühner allerdings auch) für Raubvögel leichte Beute.**

## DIE LÖSUNG

Fliegende Räuber sind oft deutlich schwerer abzuwehren als ihre vierbeinigen Pendants, vor allem wenn sich die Hühner über eine große Fläche verteilen. Raubvögel stellen vor allem in ruhigen, ländlichen Gegenden eine Bedrohung dar, doch sollte man die Gefahr im Stadtgebiet nicht unterschätzen: Dort werden zunehmend häufiger Falken und Habichte gesichtet – was sicherlich nicht zuletzt an den Unmengen Tauben liegt, die da leben.

Die einzig wirklich sichere Abwehr von Raubvögeln ist eine Überdachung des Freigeheges, doch ob dies machbar ist, hängt weitgehend von der Größe des Auslaufs ab. In den meisten Fällen ist die Überdachung einer großen Fläche nicht realisierbar, allerdings kann man den Hühnern mittels Büschen und Sträuchern bzw. eines Schutzbaus etwas Deckung verschaffen. Auch glänzende, flatternde Bänder oder CDs schrecken Vögel ab, ebenso die gute alte Vogelscheuche. Hilfreich ist zudem, sich öfter bei seinen Hühnern blicken lassen – je häufiger, desto besser, denn Räuber sind in Gegenwart von Menschen auf der Hut. Sollte allerdings ein Falkenpärchen in der Nähe brüten, dürften regelmäßige Angriffe zu befürchten sein. Auch die Anschaffung eines Hahns kann nützlich sein, denn er ist ein guter Wächter: Sobald er eine Bedrohung von oben wahrnimmt, setzt er einen Warnruf für seine Hühner ab.

In der Dämmerung und nachts können – je nachdem, ob in Ihrer Nähe welche leben, und wenn ja, welche Arten – Eulen eine Bedrohung darstellen. Schließen Sie in diesem Fall Ihre Hühner nach Anbruch der Dämmerung sicherheitshalber im Hühnerstall ein.

*Mithilfe einer Vogelscheuche lassen sich Raubvögel abschrecken.*

# 32 Die Köderfalle funktioniert nicht

## DAS PROBLEM

**Rattengift kann nur wirken, wenn die Ratten es auch fressen. Da sie aber von Natur aus sehr misstrauisch sind, werden sie eine nagelneue Köderfalle eher meiden, selbst wenn diese mit dem verführerischsten Köder bestückt ist.**

## DIE LÖSUNG

Die örtliche Rattenpopulation muss sich erst mit einer Köderfalle vertraut machen, bevor sie sich ins Innere wagt – stellt man die Falle öfter um, beginnt diese Gewöhnungsphase jedes Mal von Neuem. Wählen Sie daher erst einmal sorgfältig einen Standort aus, platzieren Sie die Köderfalle dort und lassen Sie sie stehen. Ratten meiden freie Flächen und bleiben nahe an Hauswänden, Schuppen, Zäunen usw. Deshalb macht es wenig Sinn, eine Köderfalle mitten in den Auslauf oder auf eine andere offene Fläche zu stellen, sondern besser direkt neben Gebäude oder andere Begrenzungen.

Versetzen Sie sich in eine Ratte hinein und überlegen Sie, welches Gelände sich für einen sogenannten Rattenlaufweg eignen würde. Bei starkem Rattenbefall kann man meist gut erkennen, welche Route die Ratten auf ihren nächtlichen Ausflügen regelmäßig nehmen; Hinweise darauf sind auch Kotballen und niedergedrücktes Gras in der Nähe von Wänden und Begrenzungen. Am meisten Aussicht auf Erfolg hat eine Köderfalle dann, wenn sie mitten auf einen solchen häufig genutzten Rattenlaufweg platziert wird.

Sehr vielversprechend ist auch der Trick, die Köderfalle vor dem Aufstellen auf »alt« zu trimmen. Erfahrene Halter empfehlen, sie mit Schlamm einzureiben und einige Wochen ins Freie zu stellen, damit sie ein verwittertes Aussehen bekommt und ihren »neuen« Geruch verliert. Das ist die einzige Möglichkeit, Ratten dazu zu bringen, hineinzugehen und den Köder zu holen, ohne vorher Verdacht zu schöpfen.

*Köderfallen zur Kontrolle der Rattenpopulation müssen durchdacht gebaut sein, um Haustiere und andere Tiere nicht zu gefährden. Auch der Standort muss gut gewählt sein.*

## VERNÜNFTIGE MASSNAHMEN

Beim Aufstellen, Überprüfen oder Neubestücken der Köderfalle sollten immer Handschuhe getragen werden – nicht nur der eigenen Sicherheit und Gesundheit zuliebe, sondern auch um zu verhindern, dass man seinen Eigengeruch überträgt. »Menschendüfte« wie Seife, Deo oder Aftershave, aber auch Schweiß und Hautfett können Ratten abschrecken.

# 33 Ich will die Ratten auf humane Weise beseitigen

## DAS PROBLEM

**Rattengift ist nicht jedermanns Sache, weil es einen langsamen Tod für die Nager bedeutet. Glücklicherweise gibt es noch andere Mittel und Wege, um eine Rattenplage einzudämmen, wobei auch diese nicht alle »human« sind.**

## DIE LÖSUNG

Ursprünglich verwendeten Bauern zur Rattenjagd Terrier, die diese mit einem schnellen Genickbiss töteten, doch dürfte das für Hobby-Hühnerhalter heute wohl eher selten das Mittel der Wahl sein. Viel Verwendung finden sogenannte Schlagfallen, bei denen das Betreten einer Platte einen Mechanismus auslöst, der den Schlagbügel herunterklappen lässt und der Ratte das Genick bricht.

Von diesem Fallentyp sind heute zahlreiche Varianten in allen Preisklassen auf dem Markt. Allerdings ist auch eine solche Falle nicht immer sofort tödlich und somit eine »saubere« Sache, wie viele meinen. Dies hängt davon ab, ob der Schlagbügel die Ratte oder Maus genau an der richtigen Stelle im Genick trifft – und dazu muss das Tier genau von vorne kommen, um den Köder zu holen und den Trittmechanismus auszulösen.

Leider gibt es dafür keine Garantie. Ziehen Tiere den Köder seitlich heraus oder werden sie von anderen auf die Trittplatte geschoben, kann der Schlagbügel ein Bein oder ein anderes Körperteil erwischen – und dies bedeutet einen langsamen, qualvollen Tod, den niemand mit auch nur einem Funken Mitgefühl einem Tier wünschen kann. Bei solchen Fallen besteht dieses Risiko jedoch immer, und wenn man eine schwer verletzte Ratte in der Falle entdeckt, ist dies nicht nur äußerst unangenehm, sondern heißt auch, dass man etwas unternehmen muss, um das Tier von seiner Qual zu erlösen. Überlegen Sie also gründlich, ob Sie solche Fallen einsetzen wollen.

## REGELMÄSSIG ÜBERPRÜFEN

Wer für Ratten und Mäuse Schlagfallen aufstellt, muss diese mindestens einmal pro Tag, am besten sogar öfter, kontrollieren. Denn auch bei der Schädlingsbekämpfung gilt, dass man kein unnötiges Leid verursachen darf. Gefangene Tiere, die noch nicht tot sind, müssen sofort von ihrer Qual erlöst werden.

*Schlagfallen wie diese führen nicht immer zu einem sofortigen Tod. Bereitet Ihnen dies Magenschmerzen, überlegen Sie genau, ob Sie sie einsetzen wollen.*

# 34 Ich habe Angst, mich mit Leptospirose zu infizieren

## DAS PROBLEM

**Die Leptospirose ist eine sehr unangenehme Erkrankung, die durch direkten Kontakt mit Rattenurin übertragen werden kann. Sie kommt vorwiegend in tropischen und subtropischen Regionen vor, in gemäßigten Klimazonen seltener.**

## DIE LÖSUNG

Die Leptospirose oder auch Weil-Krankheit ist eine Bakterieninfektion, die meist von Ratten (oder Rindern) übertragen wird, wobei die infizierten Ratten (bei denen die Erreger in den Nieren sitzen) keine Krankheitssymptome entwickeln. Eine Übertragung auf den Menschen durch den Biss einer infizierten Ratte ist eher unwahrscheinlich, meist erfolgt sie durch Kontakt mit infiziertem Tierurin, z. B. wenn verunreinigtes Wasser über einen Hautriss in den Körper gelangt. Wird die Tränke Ihrer Hühner mit Rattenurin kontaminiert, stellt dies ein hohes Infektionsrisiko dar.

Im Anfangsstadium gleichen die Symptome denen einer Grippe. Bei einem milden Verlauf erholen sich Erkrankte nach fünf Tagen, wenngleich immer wieder Müdigkeit und Depressionen auftreten können. Bei ernsteren Fällen kommt es nach kurzfristiger Besserung zu einer zweiten Krankheitsphase mit noch heftigeren Beschwerden wie Gelbsucht und Durchfall, in sehr schweren Fällen sogar zu Leber-, Nieren-, Lungen- und sogar Herzversagen. Man sollte eine Leptospirose nicht verharmlosen.

Das Risiko ist – wenn auch oft nur gering – durchaus real, weshalb man bei der Bekämpfung einer Ratteninvasion unter dem Hühnerstall oder der Beseitigung von lange gelegenem Gartenabfall Vorsicht walten lassen sollte. Tragen Sie immer Handschuhe, wenn Sie mit potenziell kontaminierten Wasserbehältern hantieren, decken Sie Schnitte und Kratzer durch wasserfestes Pflaster ab, und waschen Sie sich hinterher gründlich die Hände mit Seife und heißem Wasser.

*Tragen Sie immer Handschuhe, wenn die Gefahr besteht, dass Sie mit etwas – wie z. B. Hühnertränken – in Berührung kommen, das durch Rattenurin verunreinigt sein könnte, vor allem wenn Sie Schnitte oder Kratzer an den Händen haben.*

# 35 Im Boden des Hühnerstalls ist ein Loch

## DAS PROBLEM

**Das kommt ganz darauf an, wie das Loch aussieht – so als sei es durch Fäulnis entstanden? Dann ist meist ein undichtes Dach das Problem. Oder weist das Loch an den Rändern Biss- und Nagespuren auf? Dann kann es durchaus das Werk zielstrebiger Nager sein.**

## DIE LÖSUNG

Etwas gegen eine undichte Stelle im Hühnerstall zu unternehmen, ist relativ einfach, sobald man sie erst einmal gefunden hat. Eine beschädigte Dachpappe, verzogene Holzbretter, bauliche Fehler oder eher Grundsätzliches wie ein schlecht durchdachtes Design – all dies kann dazu führen, dass Wasser ins Haus eindringt. Wenn die undichte Stelle groß genug ist, um zu einem Durchfaulen des Bodens zu führen, dann ist sie nicht erst seit Kurzem da, denn es dauert Monate, bis so ein Loch entsteht. Allerdings ist anhand der Verfärbungen klar erkennbar, welchen Weg das Wasser genommen hat, sodass man ihn zur undichten Stelle zurückverfolgen und an den entsprechenden Stellen in Dach und Boden Reparaturen durchführen kann.

Schäden durch Nagetiere sind in der Regel leicht zu reparieren – vorausgesetzt, es geht nur um ein einzelnes Loch. Es genügt, ein passendes Stück Holz in das Loch einzusetzen und festzuschrauben oder zu -kleben. Wer ein handfestes Rattenproblem hat, kann sich an den Kammerjäger oder eine Firma zur Schädlingsbekämpfung vor Ort wenden. Nach Beseitigung der Rattenplage sollte man vorbeugend den Hühnerstall auf (mindestens 20 cm hohe) Pfosten oder Klötze stellen, sodass Licht darunter gelangt, was diese Stelle für Ratten, die auf der Suche nach einem neuen Zuhause sind, sehr unattraktiv macht. Alternativ dazu kann man auch ein passendes Betonfundament gießen bzw. den Boden mit schweren, fugenlos verlegten Steinplatten auslegen.

*Solche Löcher, an denen noch Biss- und Nagespuren erkennbar sind, wurden meist durch Nager wie Ratten verursacht.*

## PARADIES FÜR RATTEN

Sind hier Ratten die Verursacher, dann bevölkern sie meist den Boden unterhalb des Hauses – was oft passiert, wenn das Haus direkt auf der Erde oder nur ein paar Zentimeter erhöht steht. Denn was kann sich eine Ratte mehr wünschen als die Abgeschiedenheit, den Schutz und die Wärme, die ein solches Haus bietet – und noch dazu ein Futterspender, also eine bequeme Nahrungsquelle, direkt daneben!

# 36 Ich habe eine lebende Ratte gefangen. Was nun?

## DAS PROBLEM

**Viele betrachten sogenannte Lebendfallen als die humanste Art der Nagerbekämpfung, und auf den ersten Blick scheinen solche Fallen weniger unerfreulich zu sein als Gift oder Schlagfallen. Allerdings bereiten sie oft mehr Probleme, als sie beseitigen.**

## DIE LÖSUNG

Bei der Verwendung von Lebendfallen sind vor allem zwei Dinge von Bedeutung, und beide beziehen sich auf den Tierschutz. Auch wenn der Umgang mit Tieren und entsprechende Vorschriften weltweit variieren, herrscht doch in Europa und Amerika weitgehend die Meinung vor, man solle gefangene Tiere human behandeln und nicht unnötig leiden lassen. Da es wilde Ratten extrem unter Stress setzt, wenn sie längere Zeit in einer käfigartigen, engen Falle sitzen, müssen Lebendfallen häufig kontrolliert werden.

Das größere Problem jedoch ist natürlich: Was tun mit der Ratte, nachdem man sie gefangen hat? Wenn Sie sie nicht jetzt und hier erschießen können, was haben Sie für Alternativen? Als human erachtet wird auch das Töten mittels eines kräftigen, gezielten Schlages auf den Schädel mit einem geeigneten Gegenstand (sehr schwierig, denn dazu muss man die wütende, verängstigte Ratte erst mal aus der Falle kriegen) oder die Verabreichung einer tödlichen Dosis Betäubungsmittel über die Luftwege oder per Injektion (kaum machbar, da man diese in der Regel nicht zu Hause hat). Ertränken gilt als inhuman, da es inakzeptables Leiden verursacht, und die Ratte einfach freizulassen ist nicht ratsam, denn dadurch verlagert sich das Problem nur an einen anderen Ort, was dort zu gesundheitlichen Problemen bei Menschen, Haus- und Nutztieren führen und das dortige Ökosystem durcheinanderbringen kann. Wenn Sie also nicht willens oder in der Lage sind, eine gefangene Ratte zu erschießen, sollten Sie auf Lebendfallen besser verzichten.

*Eine Ratte in einer »humanen« Falle zu fangen löst das Problem nur zur Hälfte – offen bleibt die Frage, was mit dem gefangenen Nager passieren soll.*

# 37 Etwas hat am Zaun gegraben

## DAS PROBLEM

**Wenn Sie Grabspuren außen am Zaun finden, kann das nur eines bedeuten: Ein Räuber hat es auf Ihre Hühner abgesehen. Hühner einzusperren und auf engem Raum zu halten ist sehr unnatürlich, fast so, als würde man sie hungrigen, zielstrebigen Räubern auf dem Präsentierteller servieren – wenn man nicht geeignete Abwehrmaßnahmen gegen sie ergreift.**

## DIE LÖSUNG

Für viele Hühnerliebhaber ist der Fuchs Feind Nummer eins – ein Tier, das einfach als Hassobjekt taugt. Füchse sind geborene Räuber, anpassungsfähig, opportunistisch und wahre Überlebenskünstler. Solange man seinen verletzlichen, flugunfähigen Hühnern nicht ausreichend Schutz bietet, werden sich Füchse, sooft sich die Chance ergibt, selbst bedienen. Das sagt ihnen ihr Instinkt, und das ist in der Natur eben die harte Realität. Wenn einer hier Schuld hat, dann allein der Halter, der seine Hühner nicht durch angemessene Maßnahmen schützt. Füchse (und Dachse) sind hervorragende, ausdauernde Gräber, und wenn sie es für lohnend halten, graben sie sich in Null Komma nichts unterm Zaun des Hühnergeheges hindurch.

Dies lässt sich nur verhindern, indem man ihnen buchstäblich den Weg verbaut, z. B. den Zaun (mindestens) 60–80 cm tief in die Erde einlässt. Oder indem man den Zaun am unteren Ende durch ein Drahtgeflecht verlängert und dieses flach auf dem Boden befestigt, was ebenso effektiv, aber nicht so aufwendig ist, weil man nicht graben muss. Ein Räuber beginnt instinktiv immer am Fuß eines Hindernisses zu graben, und dies kann man gezielt vereiteln, indem man dort einen 1 m breiten Streifen Drahtgeflecht fest im Boden verankert.

*Findet man Grabspuren am Zaun des Hühnerauslaufs, wird es Zeit, die Sicherheitsmaßnahmen zu verstärken.*

## WENN'S NICHT AUF ANHIEB KLAPPT ...

Räuber wie Füchse und Dachse zeichnen sich durch ihre Zielstrebigkeit aus. Unterschätzen Sie nie deren Beharrlichkeit und Entschlossenheit, zu ihren Hühnern zu gelangen. Sie haben einen langen Atem und warten nur darauf, dass Ihre Wachsamkeit nachlässt oder Sie einen Fehler machen, bevor sie – mit verheerenden Folgen – zuschlagen.

# 38 Warum hat ein Fuchs so viele Hühner getötet?

## DAS PROBLEM

**Füchse sind Opportunisten und fressen, wann immer sie Futter finden – und ein Hühnerstall voll fetter Hühner ist in ihren Augen eine Gelegenheit, die sie sich nicht entgehen lassen können, deshalb werden sie, wenn möglich, alle töten.**

## DIE LÖSUNG

Die einzige Lösung für dieses Problem besteht darin, dem Fuchs den Zugang zum Freigehege zu verwehren, indem Sie dafür sorgen, dass Ihre Abwehrmaßnahmen – ob nun Elektrozaun oder ein fester, stabiler Zaun – voll funktionsfähig sind. Ein Elektrozaun ist nur so gut wie die Spannung, unter der er steht; ist diese zu niedrig, weil es zu vegetationsbedingten Kurzschlüssen kommt oder die Batterie schlappmacht, wird ein hungriger Fuchs ohne Zögern darüber springen, um sich über die Hühner herzumachen. Treten häufiger batteriebedingte Probleme auf, sollte man eventuell auf ein netzgespeistes Weidegerät umsteigen.

Füchse neigen dazu, bei einem Angriff so viele Hühner wie möglich auf einmal zu töten, um einen Futtervorrat in einem Versteck anzulegen. Viele sind der Meinung, Füchse würden immer deutlich mehr Vögel töten, als sie fressen können, weil es ihnen einfach nur ums Töten geht – ein weiterer Grund für das weitverbreitete Ressentiment gegen Füchse. In Wahrheit hat ein Fuchs selten genug Zeit, um alle Kadaver in sein Futterversteck zu bringen. Er kann natürlich immer nur einen Vogel auf einmal transportieren, und das dauert, je nachdem, wie weit das Versteck weg ist, einige Zeit. Häufig entdeckt der Halter das Gemetzel im Hühnerauslauf jedoch schon kurz nach dem Geschehen, und da der Fuchs bis dahin oft nur Gelegenheit hatte, ein bis zwei Hühner fortzutragen, gleicht die Szenerie natürlich einem Schlachtfeld.

*Der Fuchs ist ein meisterhafter Jäger und ergreift jede Gelegenheit, die sich ihm bietet. Hühner in einem nicht ausreichend gesicherten Freilauf sind daher für ihn eine leichte Beute.*

# 39 Ich habe Angst, Gift zu verwenden

## DAS PROBLEM

**Rattengift ist in vielen Variationen erhältlich, doch aus verständlichen Gründen scheuen viele davor zurück, solche Produkte zu verwenden.**

## DIE LÖSUNG

Es ist immer unschön, Gift einzusetzen, doch für den Hühnerhalter eine der Notwendigkeiten eines verantwortungsvollen Haltungsmanagements. Die jeweiligen Mittel sollten allerdings sorgfältig ausgewählt und umsichtig eingesetzt werden. Viele Hühnerliebhaber haben auch andere Haustiere, die sie ebenso wenig unnötig in Gefahr bringen wollen wie andere Wildtiere in der Nähe.

Wichtig ist, sich genau an die Gebrauchsanweisungen des Herstellers zu halten. Diese variieren zwar je nach Produkt, doch wenn man sich an die Vorgaben hält und entsprechende Schutzkleidung trägt, geht man kein Risiko ein. Die wichtigste Vorsichtsmaßnahme wird einem schon vom gesunden Menschenverstand diktiert: den direkten Kontakt des Mittels mit Haut und Augen zu vermeiden und nach Gebrauch die Hände gründlich zu waschen.

Zum Schutz von Haustieren (inklusive Hühnern) und anderen Wildtieren im Garten muss man sicherstellen, dass tatsächlich nur die anvisierten Plagegeister an das Gift herankönnen. Geben Sie das Gift direkt in die Rattenlöcher, dann sollten Sie sofort danach den Zugang mit einem Ziegelstein oder einer Steinplatte abdecken, damit nichts und niemand von oben an das Gift gelangen kann. Köderstationen sind so gebaut, dass das Gift von der äußeren Umgebung isoliert ist. Die Eingangslöcher sind größenmäßig auf die anvisierten Schädlinge abgestimmt – in diesem Fall Ratten und Mäuse –, d. h., das in ihnen ausgelegte Gift ist für andere Tiere wie Igel, Wildvögel, Hühner, Katzen und Hunde aufgrund deren Größe nicht zugänglich.

# 40 Der Hühnerstall wird von Krähen belagert

## DAS PROBLEM

**Krähen sind sehr intelligente Vögel und auf Futtersuche wahre Opportunisten. Sobald sie herausfinden, dass es im Hühnerstall Eier gibt, werden sie diese stehlen.**

## DIE LÖSUNG

Egal, welche Art von Hühnerhaus Sie haben: Sobald die Krähen in der Umgebung Wind davon bekommen, welche Delikatessen in Form von köstlichen frischen Eiern im Innern auf sie warten, finden sie schnell heraus, wie sie hineingelangen und diese stehlen können. Überdies bleibt es nicht bei einer einmaligen Aktion, sobald die Diebe merken, dass stets neue Eier »nachgeliefert« werden. Glücklicherweise beschränken sich die Eierdiebstähle auf das Frühjahr und den Frühsommer.

Die Krähen arbeiten meist paarweise zusammen, und das A und O ist, sie am Eindringen in den Stall zu hindern. Am besten wäre natürlich, das Eingangsloch so lange verschlossen zu halten, bis die Eier eingesammelt sind, doch hängt dies weitgehend davon ab, wie früh Ihre Hühner ihre Eier legen. Vor allem bei warmem Wetter ist es deren Gesundheit abträglich, sie zu lange im Stall zurückzuhalten.

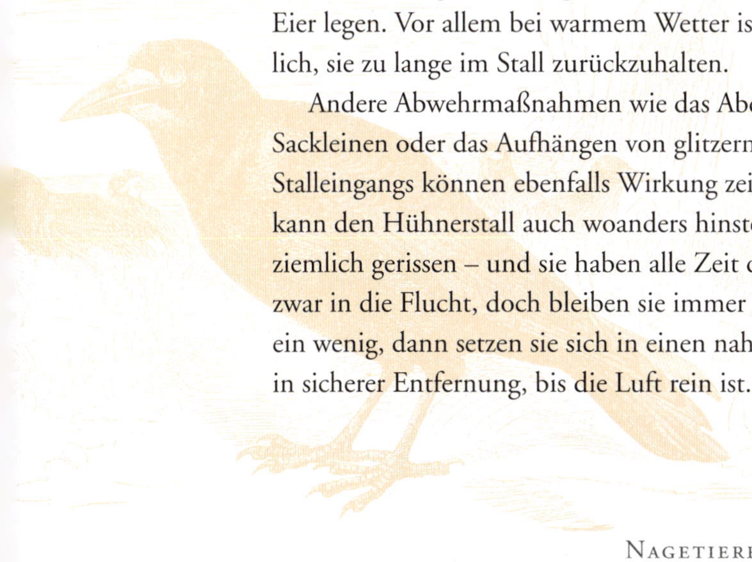

Andere Abwehrmaßnahmen wie das Abdecken des Eingangslochs mit Sackleinen oder das Aufhängen von glitzernden CDs in der Nähe des Stalleingangs können ebenfalls Wirkung zeigen. Wer genug Platz hat, kann den Hühnerstall auch woanders hinstellen. Allerdings sind Krähen ziemlich gerissen – und sie haben alle Zeit der Welt. Menschen treiben sie zwar in die Flucht, doch bleiben sie immer in der Nähe: Erst kreisen sie ein wenig, dann setzen sie sich in einen nahe gelegenen Baum und warten in sicherer Entfernung, bis die Luft rein ist.

## 5. KAPITEL

# PARASITEN

Jeder Hühnerhalter wird über kurz oder lang mit Parasiten zu kämpfen haben. Das Problem ist, dass diese winzigen Schädlinge nicht leicht zu erkennen sind, sodass viele Anfänger erst merken, dass es Probleme gibt, wenn die Lage bereits ziemlich ernst ist. Parasiten können sowohl intern als auch extern (im oder am Körper) auftreten, wobei die Rote Vogelmilbe hier eine Ausnahme darstellt: Nachts saugt sie das Blut der Hühner, tagsüber nistet sie sich im Gebälk des Hühnerstalles ein.

Eine erfolgreiche Bekämpfung gelingt nur, wenn man die Parasiten früh erkennt und bekämpft, d. h., man muss wissen, welche Probleme auftreten können und was sich dagegen unternehmen lässt. Man sollte sich auch vor Augen halten, dass es bei Gegnern wie der Roten Vogelmilbe nahezu aussichtslos ist, den Kampf (sofort) zu gewinnen. Sobald sich diese Winzlinge im Stall eingenistet haben, bleibt nur die Hoffnung, zumindest ein Anwachsen der Population verhindern zu können.

Bei der Parasitenbekämpfung muss man methodisch und organisiert vorgehen. Selten reicht eine einmalige Behandlung der Tiere aus, meist muss sie mehrmals wiederholt werden. Viele Behandlungsmethoden sind recht einfach und können vom Halter selbst durchgeführt werden. Hühner sind relativ zäh, und bei richtiger Pflege dürfte es ihnen bald besser gehen.

# 41 Die Hennen gehen nur ungern in ihren Stall

## DAS PROBLEM

**Dafür gibt es mehrere mögliche Gründe wie beispielsweise Hacken oder Probleme mit der Hackordnung, ein überaus ernster wäre allerdings ein Befall durch die Rote Vogelmilbe.**

## DIE LÖSUNG

Mit einem mäßigen Befall durch Rote Vogelmilben können Hühner ganz gut fertigwerden, aber bei einer regelrechten Durchseuchung (was sehr schnell geht, wenn man die Schädlinge nicht effektiv bekämpft) kann jede Nacht für Ihre Hennen zur Qual werden. Und zwar so sehr, dass die Vögel nachts nur noch ungern ihren Stall aufsuchen, weil sie nur zu genau wissen, was sie erwartet. Doch es können für Hühner auch gravierendere Folgen auftreten als Unwohlsein und Gereiztheit. Fallen zu viele Milben über einen Vogel her, kann der Blutverlust so hoch sein, dass er Probleme bekommt, bei regelmäßiger Heimsuchung kann er anämisch werden und ohne Behandlung sogar sterben.

Eine Bekämpfung der Roten Vogelmilbe ist nicht einfach, da sich diese unverwüstlichen Winzlinge alarmierend schnell fortpflanzen und es zudem schwierig ist, mit Pestiziden in Spray- und Pulverform an sie heranzukommen. Diese Milben sind bereits sieben Tage nach dem Schlüpfen fortpflanzungsfähig, sodass man innerhalb von fünf Tagen Gegenmaßnahmen ergreifen muss, um ihren Reifezyklus zu durchbrechen. Da manche Pestizide nur wirken, wenn die Milben direkt mit ihnen in Kontakt kommen, muss man alle Nischen und Winkel sorgfältig aussprühen, in denen sie sich verbergen könnten. Um überall dranzukommen, muss der Stall eventuell sogar teilweise auseinandergenommen, d. h. Nistkästen, Sitzstangen und Dach entfernt werden. Häuser in Nut- und Federbauweise sind hier eine echte Herausforderung, da diese den Schädlingen genug Ritzen zum Verstecken bieten.

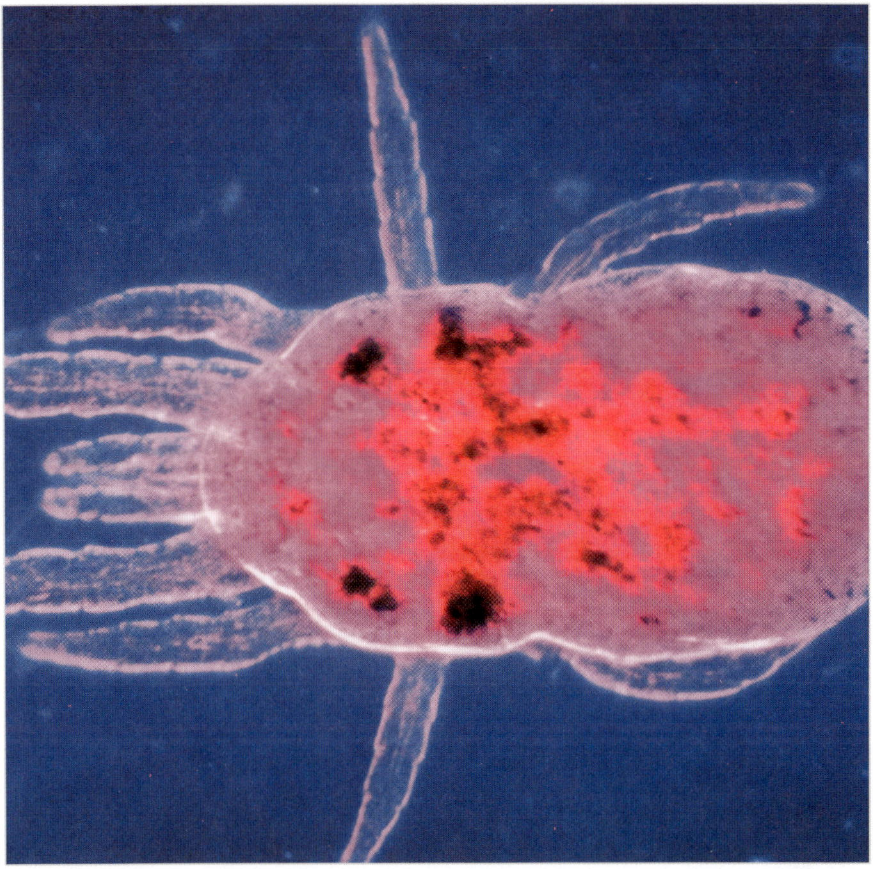

Eine einzelne Rote Vogelmilbe mag harmlos wirken, treten die Milben aber zu Tausenden auf, können sie durch ihr Blutsaugen für einen Vogel lebensgefährlich werden.

## MILBENPROBLEM

Rote Vogelmilben besiedeln alle Nischen und Winkel eines Hühnerstalles (vor allem Holzhäuser mit Dachpappe). Sie krabbeln nachts an den Sitzstangen entlang, wandern an den Beinen der schlafenden Hühnern hinauf, zwischen den Federn hindurch und beißen sich durch die Haut, um den Vögeln das Blut auszusaugen. Sobald sie satt sind, lassen sie von dem Tier ab und ziehen sich in ihre sicheren Verstecke im Hausgebälk zurück, um während des Tages ihre Mahlzeit zu verdauen, sich auszuruhen und fortzupflanzen.

# 42 Ich habe auf den Sitzstangen graues, ascheähnliches Pulver gefunden

## DAS PROBLEM

**Dies ist ein deutliches Anzeichen für eine Kontamination des Stalles durch Rote Vogelmilben. Sie sollten sofort etwas dagegen unternehmen.**

## DIE LÖSUNG

Bei der Bekämpfung von Roten Vogelmilben ergeben sich vornehmlich zwei Probleme. Erstens müssen die meisten für Hobby-Hühnerhalter konzipierten Antimilbenmittel direkt mit den Milben in Kontakt kommen, um ihre Wirkung entfalten zu können – was gut und schön ist, wenn die Milben sicht- und erreichbar sind, aber nicht, wenn sie sich während des Aufbringens des Mittels in ihren Schlupfwinkeln verbergen.

Das zweite große Problem besteht darin, dass zunehmend mehr der heute erhältlichen Antimilbenmittel nicht sonderlich effektiv sind. Von Profis eingesetzt und recht erfolgversprechend sind hier Biozide wie Silikatstäube (Kieselgur) oder evtl. chemische Keulen wie synthetische Akarizide wie Organophosphate, Carbamate und Pyrethroide. Fragen Sie bei auf Geflügel spezialisierten Händlern nach den aktuell wirksamsten Mitteln (es kommen ständig neue Produkte auf den Markt), halten Sie sich bei der Anwendung strikt an die Vorgaben des Herstellers, und wiederholen Sie die Behandlung mehrmals. Keines der Produkte ist für eine einmalige Anwendung gedacht; um Milben beizukommen, muss man die Mittel regelmäßig anwenden und stets sehr gründlich vorgehen.

*Dies ist das typisch graue, ascheähnliche Pulver, das sich bei einem Befall durch Milben findet.*

## HOCHGRADIG GIFTIG

Kreosot ist zwar mit Abstand das effektivste Mittel zur Bekämpfung von Roten Vogelmilben, allerdings hochgiftig und als krebserregend eingestuft. Aus Gesundheits- und Sicherheitsgründen wurde die Erlaubnis der Anwendung beschränkt auf das Imprägnieren einiger weniger Hölzer im Außenbereich. Also sollte man lieber auf Seite 94 genannte Mittel verwenden.

# 43 Mein Huhn hat kahle Stellen am Körper

## DAS PROBLEM

**Rühren die kahlen Stellen nicht vom Hacken durch andere Hühner her, dann sind sie höchstwahrscheinlich auf die Aktivität von Federlingen zurückzuführen.**

## DIE LÖSUNG

Federlinge (Kieferläuse) gehören zu den Parasiten, die man bei Haushühnern am häufigsten antrifft. Sie knabbern an den Federschäften und der sie umgebenden Haut, von denen sie sich auch ernähren. Federlinge haben braune, rundliche Körper und erreichen eine Größe von bis zu 4 mm. Sie breiten sich in einer Hühnerschar schnell aus und sind auch bei Wildvögeln häufig zu finden – die sie in der Regel erst in den Hühnerstall einschleppen. Ihre Knabbertätigkeit kann zu schmerzhaften kahlen Stellen und der Übertragung von Krankheiten führen. Die Weibchen können Hunderte winzige weiße Eier in Paketen (Nissen) ablegen, die sie an die Federschäfte kleben. Bereits nach fünf Tagen schlüpfen die sogenannten Nymphen, die rasch zu voll funktionsfähigen Parasiten heranwachsen.



Zunächst jedoch muss man erst einmal erkennen, dass die Hühner von Federlingen befallen sind: wirken normalerweise aktive Vögel plötzlich ungepflegt und lethargisch, sollten die Alarmglocken schrillen. Weitere wichtige Anzeichen sind Federn- und Gewichtsverlust, die mit einer verminderten Legetätigkeit einhergehen. Auffällige Vögel sollten sorgfältig untersucht werden; dazu teilt man die Federn und sucht an deren Eintrittsstelle in die Haut nach Parasiten und Eiern (ausgewachsene Federlinge können sich erstaunlich schnell zwischen den Federn in Sicherheit bringen).

Befallene Vögel kann man mit einem Läusepuder behandeln, indem man die Haut unter den Flügeln und rings um die Kloakenöffnung gründlich einstäubt. Bei sehr schwerem Befall sollte der Tierarzt aufgesucht werden, der nach Ermessen eventuell ein Rezept für Ivermectin ausstellt.

# PLAGEGEISTER

Dürfen Hühner frei in der Natur herumstreifen, werden sie wahrscheinlich nie ganz frei von externen Parasiten sein. Als verantwortungsvoller Halter kann man nur darauf hoffen, dass sich die Zahl dieser lästigen Krabbeltiere durch eine regelmäßige und effektive Parasitenbekämpfung in Schach halten lässt.

*Um bei Hühnern erkennen zu können, ob ein Parasitenbefall vorliegt, ist eine sorgfältige Untersuchung von Hand nötig.*

# 44 An den Beinen meiner Hühner finden sich Verkrustungen

## DAS PROBLEM

**Geschwollene Beine mit gräulich-weißen Verkrustungen sind bei Hühnern Anzeichen für einen Befall durch Kalkbeinmilben. Diese Milbenart setzt sich unter den normalerweise eng anliegenden Hornschuppen an den Beinen fest, was zu schmerzhaften Entzündungen und Schwellungen führt, welche die Schuppen anheben.**

## DIE LÖSUNG

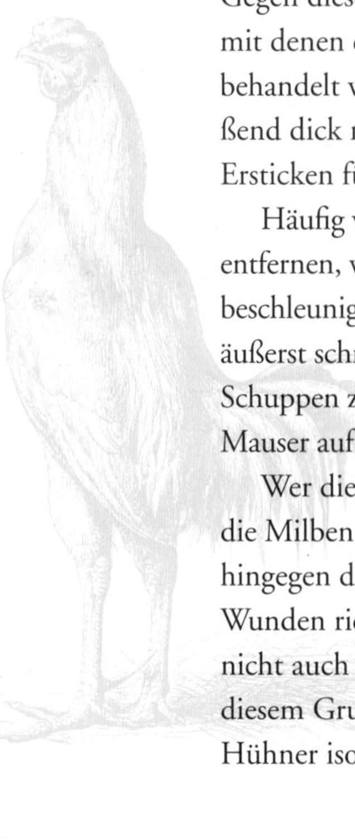

Gegen diese Milbenart sind eine Reihe wirksamer Spezialmittel erhältlich, mit denen die betroffenen Tiere so behutsam und stressfrei wie möglich behandelt werden können. Empfehlenswert ist zudem, die Beine anschließend dick mit Vaseline einzureiben, was bei den Milben zum Tod durch Ersticken führt.

Häufig wird immer noch empfohlen, die abstehenden Schuppen zu entfernen, weil dies angeblich die Behandlung und den Heilungsprozess beschleunigt. Doch diese Praxis ist überholt und für die Hühner zudem äußerst schmerzhaft. Tatsache ist, dass es keinen guten Grund gibt, die Schuppen zu entfernen, weshalb sie dranbleiben sollten, bis sie während der Mauser auf natürlichem Weg abgestoßen und durch neue ersetzt werden.

Wer die Mittel streng nach Anweisung des Herstellers anwendet, kann die Milben relativ schnell loswerden, der anschließende Heilungsprozess hingegen dauert länger. Man sollte sorgfältig darauf achten, dass alle Wunden richtig heilen, sich nicht entzünden und die betroffenen Hühner nicht auch noch Opfer von Hackangriffen anderer Hühner werden. Aus diesem Grund und weil Kalkbeinräude ansteckend ist, sollten befallene Hühner isoliert und der Stall gründlich gereinigt und desinfiziert werden.

## SCHLECHTER RAT

Lange war es gängig, die befallenen Beine zum Abtöten der Milben in medizinischen Alkohol zu tauchen, doch ist dies bei durch Milben verursachten offenen Wunden für den Vogel sehr schmerzhaft. Leider wird diese qualvolle Behandlung selbst noch in den neuesten Büchern über Hühnerhaltung propagiert, deren Autoren es besser wissen müssten, und auch im Internet wird sie immer wieder empfohlen.

*Bei gesunden Hühnern sind die Hornschuppen an den Beinen glatt und liegen eng an. Entdeckt man Verkrustungen und abstehende Schuppen, sind Kalkbeinmilben am Werk, und der Vogel sollte umgehend behandelt werden.*

# 45 Meine Hühner verlieren immer mehr an Gewicht

## DAS PROBLEM

**Schleichender Gewichtsverlust bei ansonsten gesunden Hühnern ist meist auf Darmwürmer – bei Hausgeflügel sehr häufig vorkommende Endoparasiten – zurückzuführen.**

## DIE LÖSUNG

Hühner können sich durch das Fressen von Regenwürmern, die Parasiteneier in sich tragen, mit Darmwürmern infizieren, aber auch über den infizierten Kot verwurmter Wildvögel im Auslauf – was zur Folge hat, dass freilaufende Hühner so gut wie nie völlig wurmfrei sind.

Zum Glück stellt ein geringer Befall durch Darmwürmer für ein gesundes Huhn kein Problem dar. Erst wenn sich diese unkontrolliert vermehren, wird es gefährlich. Hierbei kommt auch der Umgebung eine wichtige Rolle zu: bei zu hohem Besatz und abgegraster Erde im Auslauf ist das Infektionsrisiko deutlich höher. In festen Freiläufen wird der Infektionsdruck zudem ständig steigen, da zu den im Eigenkot vorhandenen Wurmeiern der Hühner ständig neue aus den Exkrementen von Wildvögeln hinzukommen. Lässt dich der Auslauf nicht versetzen, sollte man daher regelmäßig frische Hackschnitzel oder Sand einstreuen. Am ehesten lässt sich das Infektionsrisiko jedoch reduzieren, indem man den Auslauf regelmäßig umsetzt.

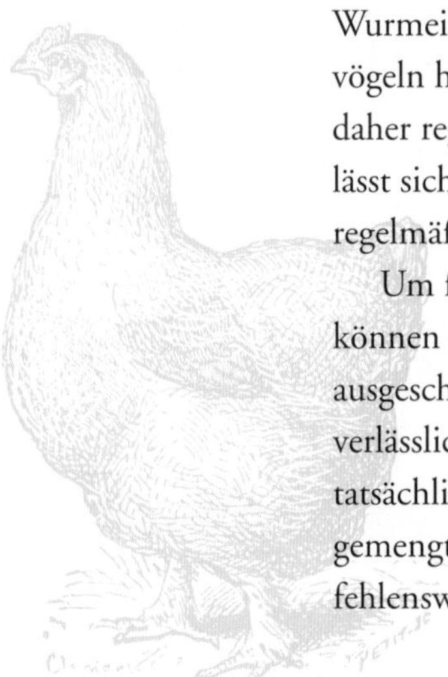

Um festzustellen, wie massiv der Wurmbefall bei Ihren Hühnern ist, können Sie in einem Veterinärlabor eine Stuhlprobe untersuchen und die ausgeschiedenen Eier zählen lassen. Das kostet nicht viel und gibt Ihnen verlässliche Hinweise darauf, wie stark der Befall durch Darmparasiten tatsächlich ist. Entwurmungsmittel können Futter oder Trinkwasser beigemengt werden, eine rein vorbeugende Wurmkur ist jedoch nicht empfehlenswert.

*Wenn Sie in Hühnerexkrementen einen Wurm entdecken, ist dies ein sicheres Zeichen für einen Parasitenbefall, gegen den Sie etwas unternehmen müssen.*

## LUFTRÖHREN-, BAND- ODER FADENWURM?

Es gibt eine ganze Reihe Würmer, die bei Hühnern zu Problemen führen können. Die häufigsten sind im Darm lebende Faden- und Rundwürmer, Blinddarmwürmer, Haarwürmer, Luftröhrenwürmer und Bandwürmer. Faden- und Bandwürmer schwächen den Körper am meisten und führen zu Gewichtsverlust sowie reduzierter Legetätigkeit.

# 46 Meine Hühner schnappen nach Luft

## DAS PROBLEM

**In Stress- und anderen unangenehmen Situationen können Hühner schon einmal keuchen; tun sie dies aber in einer stressfreien Alltagssituation, kann dies ein Hinweis auf einen Befall durch Luftröhrenwürmer sein, die sich, wie der Name schon sagt, in der Luftröhre der Tiere einnisten.**

## DIE LÖSUNG

Ausgewachsene Luftröhrenwürmer sind y-förmig und setzen sich in Luftröhre und Bronchien junger (bis zu zwei Monate alter) Hühner fest. Sie können zu ernsten Komplikationen führen, bei einem Massenbefall kann das Tier sogar ersticken. Die Würmer legen Eier, die vom befallenen Vogel mit dem Kot ausgeschieden werden und sich innerhalb von sieben Wochen entwickeln. Die Eier (oder die aus ihnen geschlüpften Larven) wiederum werden entweder direkt von anderen Hühnern aufgenommen oder aber über Zwischenwirte wie den Regenwurm, die als Hühnerfutter dienen. Im neuen Wirt wandern die Würmer in die Lunge und von dort hinauf in die Luftröhre, wo sie in etwa zehn Tagen heranreifen.

Luftröhrenwürmer verursachen schwere Entzündungen in der Luftröhre, was zusammen mit der Ansammlung von Schleim die Atmung behindert. Deshalb sieht man erkrankte Hühner oft den Hals recken und mit offenem Schnabel »nach Luft schnappen« in dem Versuch, die Atemnot zu lindern; weitere Symptome sind Kopfschütteln, Niesen, Keuchen und Gurgeln.

Infizierte Tiere sollte man sofort mit einem geeigneten Entwurmungsmittel behandeln und eventuell sogar den Tierarzt zu Rate ziehen. Wurmmittel können über Futter und Trinkwasser oder per Injektion verabreicht werden. Sind Ihre Hühner befallen, wäre es besser, Ihre Junghennen erst ins Freie zu lassen, wenn sie mindestens acht Wochen alt sind. Ebenso sollten alle Hühner nach Möglichkeit von Wildvögeln isoliert werden, da diese eine ständige Quelle für Neuinfektionen darstellen.

## VORSICHT: WÜRMER

Zwar gibt es zahlreiche parasitische Würmer, die Hühner heimsuchen, doch dürfte kaum einer ernsthafte Probleme verursachen, wenn man einen Befall frühzeitig erkennt und behandelt. Heute empfiehlt man zwar nicht mehr eine Entwurmung alle sechs Monate, doch sollten Hühnerhalter stets auf der Hut sein, um im Ernstfall sofort Maßnahmen ergreifen zu können.

*Hühner, die nach Luft schnappen und häufig den Hals recken, könnten von einem sehr unerfreulichen Parasiten namens Luftröhrenwurm befallen sein.*

# 47 Eines meiner Hühner hat Durchfall

## DAS PROBLEM

**Durchfall bei Hühnern kann ganz unterschiedliche Ursachen haben – manche sind ernst, andere nicht. Zu gutem Haltungsmanagement gehört auch eine regelmäßige Begutachtung der Exkremente, um Probleme schon früh erkennen zu können.**

## DIE LÖSUNG

Zu den Durchfallverursachern zählen Würmer, Virusinfektionen, ein gestörtes Gleichgewicht der Darmflora, Probleme mit dem Futter oder Krankheiten wie die Kokzidiose. Durch Würmer verursachte Darmschädigungen können das Gleichgewicht zwischen guten und schlechten Bakterien im Darm empfindlich stören, sodass Letztere überhandnehmen und zu Durchfall führen. Ähnlich ist es bei einer überstürzten Einführung von neuem Futter, einer bakteriellen Verunreinigung des Trinkwassers oder bei verschimmeltem Futter, in dem sich giftige Stoffwechselprodukte von Schimmelpilzen finden. Wird eine derartige Darmschädigung fortgesetzt, kann dies bei betroffenen Tieren im Extremfall zu einer Blutvergiftung und sogar zum Tod führen. Bei zu eiweißreichem Futter kann es zu einer Erhöhung des Harnsäurespiegels im Blut kommen, was die Vögel veranlasst, mehr zu trinken, was wiederum zu einem verwässerten Kot führt, der mit Durchfall verwechselt wird.

Durchfall schwächt den Organismus und kann unbehandelt zu Lethargie, Gewichtsverlust, Dehydration und sogar zum Tode führen. Er lässt sich aber recht einfach behandeln (solange kein Blut im Kot ist, was auf Kokzidien hindeutet), indem man seine Hühner entwurmt und ihnen das richtige Futter sowie sauberes, frisches Trinkwasser, dem ein Stärkungsmittel beigemischt wird, gibt. Heute sind für Hühner zahlreiche Spezialfutter in Pelletform erhältlich; fragen Sie Ihren Tierarzt, Fachhändler oder andere Hühnerhalter um Rat, welches sich am besten eignet.

*Sind die Federn um die Kloake herum so verklebt wie hier, dann stimmt etwas nicht – es könnte beispielsweise Durchfall dahinterstecken.*

## NORMALE FORM?

Normaler, gesunder Kot sollte fest und geformt sein, mit gut abgegrenzten braunen und weißen Stellen – letztere sind Harnkristalle aus dem Urin, denn Hühner scheiden Kot und Urin gleichzeitig aus. Nachdem zehnmal normaler Kot ausgeschieden wurde, setzen die Tiere einmal einen sogenannten Blinddarmkot ab, der ockerfarben und klebrig weich ist und stark riecht, was jedoch völlig normal ist, da er lediglich aus einem anderen Teil des Verdauungstraktes stammt.

# 48 Meine Haubenhühner kratzen sich ständig am Kopf

## DAS PROBLEM

**Die Nordische Vogelmilbe nistet sich vorzugsweise bei Haubenhühnerrassen ein – meist befällt sie Holländische Haubenhühner, aber auch Seidenhühner, Houdans, Sultanhühner und Araucanas sind nicht vor ihr sicher.**

## DIE LÖSUNG

Sofern Sie Ihre Haubenhühner nicht regelmäßig gründlich absuchen (und das sollten Sie unbedingt machen), wird ein erster Hinweis auf einen Befall das ständige Kratzen Ihrer Hühner am Kopf sein. Der von dieser Milbe ausgelöste Juckreiz kann so groß sein, dass sich die Vögel durch ihr verzweifeltes Kratzen sogar versehentlich mit den Krallen an den Augen verletzen. Befallene Vögel zeichnen sich jedoch nicht nur durch Kopfkratzen aus, sondern auch durch Lethargie, blasse Kämme und eine verminderte Legeleistung.

Bekämpfen lässt sich die Plage durch eine gründliche Behandlung mit einem Milbenmittel, wichtig ist vor allem, die Federnansätze und die Haut drumherum dick einzustäuben. Ratsam ist auch, mithilfe eines Wattestäbchens etwas Puder in jedes Ohr zu geben, da sich die Parasiten dort gerne einnisten. Nach etwa einer Woche ist eine Nachbehandlung notwendig, um auch jene Milben abzutöten, die nach der ersten Behandlung geschlüpft sind. Da immer das Risiko eines erneuten Befalls besteht, sollte man wachsam bleiben. Haben Sie Schwierigkeiten bei der Bekämpfung der Parasiten, reden Sie mit Ihrem Tierarzt über eine längerfristige Behandlung mit verschreibungspflichtigen Mitteln.

Haubenhühner wie dieser herrliche Houdan sollten regelmäßig auf Nordische Vogelmilben untersucht werden.

## AUF ÄRGER AUS …

Nordische Vogelmilben sind kleine, braune Parasiten, die ihr ganzes Leben auf ihrem Wirtsvogel verbringen. Sie ähneln stark der Roten Vogelmilbe und haben einen sehr kurzen Reifezyklus von unter sieben Tagen. Dies bedeutet, dass ein Befall sehr schnell erfolgt und dadurch auch sehr schnell ernste Probleme auftreten können. Eine hohe Befallsdichte kann, wenn keine Behandlung erfolgt, für den Vogel verheerende Folgen haben, z.B. Anämie (da sie sich vom Blut des Wirtstiers ernähren), im schlimmsten Fall stirbt er sogar.

# 49 Meine Hühner haben keinen Appetit, aber großen Durst

## DAS PROBLEM

**Diese Symptome können auf einen verbreiteten und potenziell äußerst lästigen Exoparasiten, die Nordische Vogelmilbe, hindeuten.**

## DIE LÖSUNG

Ein Befall durch die Nordische Vogelmilbe kann (aufgrund des Blutverlustes) zu einer Anämie sowie erhöhtem Stresspegel, Mattigkeit und einer deutlich herabgesetzten Legeleistung führen. Bei sehr starkem Befall kann es sogar vorkommen, dass die Milben von den befallenen Tieren auf die Arme des Halters wandern, während dieser seine Vögel untersucht – und dann wiederum sind diese winzigen Parasiten ohne Lupe und helles Licht kaum auszumachen. Am liebsten besiedeln sie die Region um die Kloakenöffnung und die Flügelunterseiten, wo sich anhand dunkel verfärbter, schmierig wirkender Federn die Milbenaktivität gut erkennen lässt. Weitere Symptome sind ein starker Appetitverlust sowie verstärkter Durst.

Diesen Schädling sollte man im Auge behalten, da sein Reproduktionszyklus unter idealen Bedingungen keine sieben Tage dauert und der Befall deshalb schnell stark zunehmen kann – Schätzungen zufolge können sogar bis zu 20.000 Milben ein Wirtstier besiedeln. Zum Glück verringert sich das Risiko eines solch starken Befalls deutlich, sobald die Vögel ein Alter von fünf Monaten erreicht haben. Befallene Tiere sorgfältig mit warmem Wasser und einem milden Shampoo waschen, behutsam abtrocknen und mit einem pyrethrumhaltigen Milbenpuder behandeln. Reicht dies nicht, versuchen Sie es mit einer vom Tierarzt verschriebenen Spot-on-Medikation (direktes Auftropfen auf die Haut, meist im Nacken).

## EIN WINTERPARASIT

Wie viele andere Exoparasiten ernährt sich auch die Nordische Vogelmilbe vom Blut ihres Wirtes, auf dem sie ihr ganzes Leben verbringt. Eher ungewöhnlich ist, dass sie bei niedrigeren Temperaturen am aktivsten zu sein scheint. Im Gegensatz zu anderen Parasiten, die eher bei warmem Wetter aktiv sind, schlägt die Nordische Vogelmilbe vorzugsweise in den Herbst-, Winter- und frühen Frühjahrsmonaten zu.

*Bemerken Sie, dass Ihre Hühner deutlich mehr trinken als sonst, aber weniger Appetit haben, ist ein Befall durch die Nordische Vogelmilbe zu befürchten.*

# 50 Mein Huhn reißt sich die Nackenfedern aus

## DAS PROBLEM

**Ein solches Verhalten kann auf einen eher seltenen Exoparasiten zurückzuführen sein, der mit der Kalkbeinmilbe verwandt ist, aber statt Schuppen die Federn befällt: *(Neo-)Knemidocoptes gallinae.***

## DIE LÖSUNG

Während die Kalkbeinmilbe sich unter den Schuppen von Hühnerbeinen in die Haut gräbt, frisst sich *(Neo-)Knemidocoptes gallinae* durch die Federschäfte bis zur Haut vor, wo er dann herauskommt. Allerdings nistet sich dieser Parasait bevorzugt an Kopf, Hals, Rücken und Oberschenkeln ein. Als Reaktion auf die Fraßaktivität sondert der Körper des Huhns eine nährstoffreiche Flüssigkeit ab, von der sich der Parasit ernährt. Dies ist für den Vogel schmerzhaft und unangenehm, deshalb kratzt er sich und reißt sich die Federn aus; daher der englische Name »depluming mite« (etwa: »Rupfmilbe«). Die Vögel geraten stark unter Stress, wodurch es zu Gewichtsverlust, verminderter Legeleistung und einer Herabsetzung der Immunabwehr kommt, sodass sie anfälliger für andere Krankheiten und Infektionen werden. Der Reproduktionszyklus ist bei dieser Milbenart nicht so kurz wie bei anderen (etwa zweieinhalb Wochen lang), dafür legt sie keine Eier, sondern bringt lebende Junge zur Welt.

Ein Befall ist schwieriger zu bekämpfen, da die Milben in Fraßgängen leben, sodass ihnen mit der üblichen Pulverbehandlung nur schwer beizukommen ist. Hier empfiehlt sich die Spot-on-Behandlungsmethode, bei der ein Präparat (Ivermectin) auf die betroffene Stelle geträufelt wird und über die Haut in den Körper gelangt, sodass der Parasit von innen heraus bekämpft wird. Dieses Mittel kann aber nur vom Tierarzt verordnet werden, des Weiteren erfordert es einen zeitweiligen Konsumverzicht von Eiern (Eier von behandelten Hühnern dürfen frühestens eine Woche nach Behandlungsende wieder gegessen werden!).

*Vom Tierarzt verschriebene Spot-on-Behandlungen zählen bei Hühnern zu den effektivsten und zuverlässigsten Bekämpfungsmaßnahmen von Parasiten.*

## NOCH WIRKSAM?

Leider verwenden viele Hühnerhalter – selbst sehr erfahrene – Medikamente weiter, die schon längst abgelaufen sind. Obgleich dies vermutlich keinen Schaden anrichtet, tut es auch nichts Gutes, also achten Sie immer auf das Haltbarkeitsdatum, damit die Wirksamkeit eines Mittels auch tatsächlich gewährleistet ist.

6. KAPITEL

# GESUNDHEITLICHE PROBLEME

Solange man Hühner mit dem Wichtigsten im Hinblick auf Gesundheit und Wohlbefinden versorgt, machen sie viel Freude, bieten Unterhaltung und belohnen ihren Halter meist auch noch regelmäßig mit leckeren, frischen Eiern. Doch trotz ihrer erstaunlichen physischen Robustheit reagieren sie sehr empfindlich auf Stress, der ihre Immunabwehr herabsetzt, sie anfällig für Infektionen, Krankheiten und den Befall durch interne und externe Parasiten macht sowie latente Gesundheitsprobleme noch verstärkt.

Wer darauf achtet, dass seine Tiere gesund sind, sorgt gleichzeitig dafür, dass sie sich wohlfühlen. Geben Sie ihnen genug Raum, um natürliche Verhaltensweisen ausleben zu können, des Weiteren gesundes Futter, sauberes Wasser und ausreichend Schutz, damit sie sich sicher fühlen – so werden Ihre Hühner wunderbar gedeihen.

Zu Ihrer täglichen Routine sollte auch genaues Beobachten gehören. In diesem Kapitel erfahren Sie, was man bei besorgniserregenden Symptomen wie starkem Federausfall, Triefnasen, geschwollener Kloake oder Mattigkeit tun kann. Erste Anzeichen gesundheitlicher Probleme erkennen, um dann schnell und effizient handeln zu können, das ist entscheidend – denn kein Huhn sollte unnötig leiden müssen.

# 51 Eines meiner Hühner hat eine Schwellung am Hals

## DAS PROBLEM

**Bei solch einer Schwellung liegt höchstwahrscheinlich eine Kropfverstopfung vor – ein ernstes und potenziell lebensgefährliches Problem.**

## DIE LÖSUNG

Ein verstopfter Kropf ist relativ leicht erkenn- und noch besser fühlbar, wenn man das Huhn abtastet. Eventuell ist bei dem betroffenen Vogel auch ein Gewichtsverlust feststellbar. Wenn Sie morgens die Hühner ins Freie lassen, dürften sie, da sie nachts nichts fressen, keinen dicken Kropf haben – falls doch, verheißt das nichts Gutes.

Da Hühner keine Zähne haben, sind sie vollständig auf die Zerkleinerung der Nahrung durch ihren Muskelmagen (und die Kieselsteine darin) angewiesen, nachdem das Futter vorher im Kropf eingeweicht wurde. Leider funktioniert das nicht immer reibungslos, und Vögel, die Unverdauliches wie harte Grashalme, Federn, Sägespäne und Stroh fressen, können Probleme bekommen – denn manchmal bilden diese Materialien im Kropf einen harten Klumpen, der sich weder vorwärts noch rückwärts bewegen lässt. Aufgrund dieser Verstopfung gelangt kein Futter mehr in das Verdauungssystem des Vogels, sodass er an Gewicht verliert und der Kot weitgehend aus weißen, flüssigen Bestandteilen besteht (da keine feste Nahrung mehr verdaut wird).

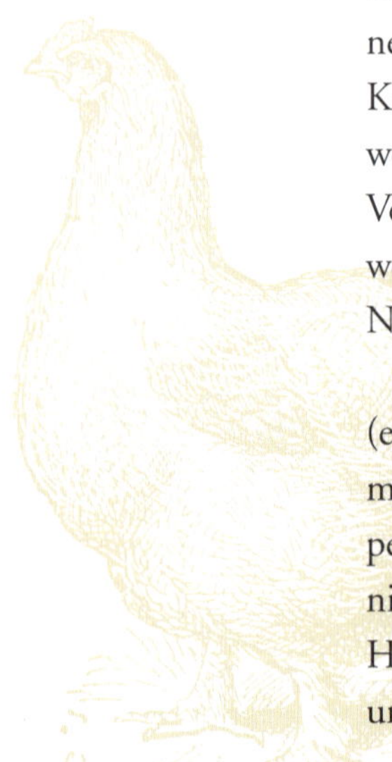

Betroffene Vögel müssen umgehend behandelt werden, z. B. mit Natron (ein Esslöffel auf 4,5 Liter) oder ein wenig Olivenöl (5 ml). Zusammen mit einer leichten Kropfmassage kann dies schon ausreichen, den Klumpen so geschmeidig zu machen, dass er hinabrutscht. Funktioniert dies nicht, bleibt nur noch ein chirurgischer Eingriff. Der Tierarzt wird in Hals und Kropf einen kleinen Schnitt machen, den Klumpen entfernen und so die Verstopfung beseitigen.

## NORMALE SCHWELLUNG

Bei normaler Funktion füllt sich der Kropf – das taschenähnliche Organ vorne am Halsansatz – beim Fressen und leert sich nach und nach wieder, nachdem das Futter eingeweicht und (zum Zermahlen) in den Muskelmagen weiterbefördert wurde. Bei Vögeln, die gerade gefressen haben, ist der Halsansatz etwas verdickt, was auf einen gefüllten Kropf hindeutet und völlig normal ist. Sobald das Futter hinabgerutscht ist, wird der Hals wieder schlanker.

*Die Verabreichung einer kleinen Menge Olivenöl, gefolgt von einer sanften Massage, kann helfen, den Inhalt eines verstopften Kropfes einzuweichen und weiterzubefördern.*

# 52 Meine Hühner sind lethargisch

## DAS PROBLEM

**Bei lethargisch wirkenden Hühnern mit ungepflegtem Gefieder und vermindertem Appetit, die einen dünnflüssigen Kot absetzen, liegt der Verdacht auf Kokzidiose (auch »Rote Kükenruhr« genannt) nahe, die von einem Darmparasiten verursacht wird.**

## DIE LÖSUNG

Die Bekämpfung einer Kokzidiose ist nicht einfach, da infizierte Hühner mit dem Kot beständig Oozysten (die befruchteten Eier) der Kokzidien ausscheiden, die wiederum von anderen Hühnern gefressen werden. Gut geschützt durch ihre Hülle widerstehen Oozysten sogar extremen Temperaturen und Desinfektionsmitteln und können jahrelang in einem »Schläfer-Stadium« verbleiben. Sie entwickeln sich erst wieder in einem Vogel weiter, wo dessen Verdauungssäfte die schützende Hülle aufbrechen und die infektiöse Form des Parasiten freisetzen. Eine Immunität wird meist auf natürlichem Weg erreicht – sind die Hühner älter und robuster, können sie mit leichten Infektionen gut fertigwerden.

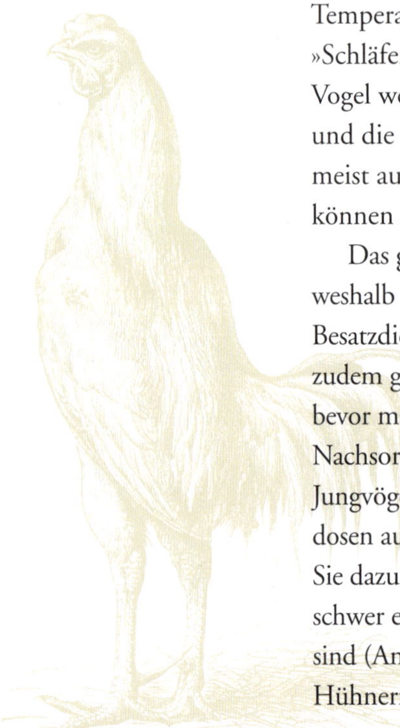

Das gelingt jedoch nur, wenn der Parasitenbefall nie zu stark wird – weshalb der Auslauf aus Hygienegründen öfter versetzt und eine zu hohe Besatzdichte vermieden werden sollte. Hühner- und Kükenställe müssen zudem gründlich gereinigt und mit Desinfektionsmitteln behandelt werden, bevor man neue Hühner einsetzt. Wie immer ist Vorsorge besser als Nachsorge – dennoch sollte man nicht ins andere Extrem verfallen, d. h. Jungvögel ganz isolieren, denn sie müssen mehrmals kleinere Infektionsdosen aufnehmen, um eine natürliche Immunisierung zu erreichen. Wenn Sie dazu Fragen haben, wenden Sie sich am besten an Ihren Tierarzt. Für schwer erkrankte Tiere gibt es Antiparasitika, die gegen Kokzidien wirksam sind (Antikokzidika), daneben setzt man auf vorbeugende Maßnahmen wie Hühnerfutter, dem Kokzidiostatika oder Impfstoffe beigemengt wurden.

*Macht ein Huhn einen wirklich jämmerlichen Eindruck, können Sie sicher sein, dass es leidet; hier besteht sofortiger Handlungsbedarf.*

## SCHLAG IN DIE MAGENGRUBE

Kokzidiose ist eine Erkrankung, die von einem Parasiten im Magen-Darm-Trakt des Huhnes verursacht wird. Die Beschädigung der Darmschleimhaut kann verheerende Auswirkungen z.B. auf die Aufnahme von Nährstoffen haben, sodass es bei erkrankten Tieren zu Gewichtsverlust in Verbindung mit Durchfall kommt. In sehr schweren Fällen kann die Darmwand so stark beschädigt sein, dass Blutungen auftreten, was zu blutigem Kot, Anämie oder sogar einer bakteriellen Blutvergiftung führen kann.

# 53 Einige meiner Hühner können nicht mehr laufen

## DAS PROBLEM

**Dieses besorgniserregende Symptom kann auf die – äußerst ansteckende – Marek'sche Krankheit hindeuten, die durch ein Herpesvirus verursacht wird.**

## DIE LÖSUNG

Bei der Marek'schen Krankheit leiden die Tiere oft an Symptomen, die insbesondere unerfahrene Hühnerhalter verstören, weil sie den Umgang mit schwer kranken Vögeln nicht gewohnt sind. Es gibt verschiedene Verlaufsformen, bei denen z. B. zahlreiche neurologische Symptome wie mehr oder minder starke (vorübergehende oder andauernde) Lähmungserscheinungen in Beinen und Flügeln oder Tumore in lebenswichtigen Organen wie Herz, Eierstöcken und Lungen oder auch Hauterhebungen um die Federfollikel, die sich zu Tumoren auswachsen können, auftreten.

Leider ist die Sterberate bei dieser Krankheit relativ hoch, und infizierte Vögel sind durch ihre geschwächten Abwehrkäfte zudem deutlich anfälliger für andere Krankheiten. Neben den Lähmungserscheinungen, die sofort ins Auge fallen, sind weitere Symptome wie Gewichtsverlust, Grauverfärbung der Iris und und aufgeraute bzw. erhabene Stellen auf der Haut um die Federkiele herum typisch.

Leider gibt es keine Behandlung gegen diese Krankheit; infizierte Tiere zu töten ist daher die einzig humane Option. In Aufzuchtanstalten werden Eintagsküken routinemäßig geimpft, doch sind Impfungen in diesem Umfang für private Hühnerhalter zu teuer. Wer Hybridleger kauft, kann meist darauf vertrauen, dass diese Tiere geimpft sind; bei reinrassigen Hühnern von Hobbyzüchtern ist dies nicht immer der Fall. Manche Züchter spezieller Rassen wie Seidenhühner legen für ihre Vögel Impfprogramme auf, manche aber auch nicht – schlicht wegen der hohen Kosten. Es empfiehlt sich also, immer vor dem Kauf nachzufragen.

## ANSTECKENDE ÜBERLEBENDE

Die Marek'sche Krankheit ist hoch ansteckend, die Übertragung von Vogel zu Vogel erfolgt über die Atemwege, z.B. durch Einatmen infizierter Hautschuppen an den Federnfollikeln. Des Weiteren kann das Virus jahrelang im Staub überleben und ist überdies auch noch resistent gegen viele Desinfektionsmittel.

*Aufzuchtanstalten impfen Küken am ersten Lebenstag gegen die Mareksche Krankheit.*

# 54 Meine Hühner wurden nach Neuzugängen in der Herde krank

## DAS PROBLEM

**Die Vergrößerung der Herde durch neue Hühner birgt das Risiko, dass diese Krankheiten und Parasiten auf den Bestand übertragen – oder umgekehrt.**

## DIE LÖSUNG

Da bei der Hühnerzucht kein Herkunftsnachweis geführt werden muss, ist es kaum möglich zu erfahren, in welchem gesundheitlichen Zustand sich das Tier befindet. Käufer, vor allem unerfahrene, müssen dem Verkäufer nahezu blind vertrauen: Was er ihnen über Herkunft, Stammbaum und Gesundheitszustand erzählt, kann wahr sein – oder auch nicht.

Die goldene Regel lautet: kein Risiko eingehen. Jedes neu gekaufte Huhn sollte zwei bis drei Wochen in einem separaten Auslauf untergebracht werden, damit man das Tier (und seine Exkremente) genau beobachten und untersuchen kann; so lässt sich sein Allgemeinzustand beurteilen und ob es Parasiten hat oder krank ist. Auch sollte man über den Impfstand des Neuzugangs Bescheid wissen. Die meisten Hybriden werden bereits als Küken – oft mit einem Lebendimpfstoff – gegen die gängigsten Geflügelkrankheiten geimpft. Setzen Sie solche Tiere in Ihre Schar, kann es passieren, dass sich alle ungeimpften Rassehühner infizieren und krank werden. Oder umgekehrt: Sind Ihre Hybridleger geimpft, aber neu erworbene Rassehühner nicht, besteht das Risiko, dass diese schon bald erkranken.

Holen Sie sich Tiere aus einer Legehennenbatterie, bedenken Sie, dass diese Vögel nur in Käfigen lebten und nie mit ihrem Kot in Kontakt kamen, also keine Immunität gegen Kokzidiose entwickeln konnten (siehe Seite 116) – deshalb sollte man sie nie mit kokzidienresistenten Vögeln mischen!

# 55 Mein Huhn hat einen heißen Hinterleib

## DAS PROBLEM

**Abgeschlagen wirkende Hühner mit heißem Hinterleib leiden vermutlich an einer Eileiter-Bauchfellentzündung.**

## DIE LÖSUNG

Zu einer solchen Entzündung kann es kommen, wenn Bakterien über Risse in der Darmwand in den Eileiter eindringen oder indem Eigelb in den Bauchraum gelangt, statt wie üblich den Weg durch den Eileiter zu nehmen. Dies kann dazu führen, dass Eigelb oder ein teilweise geformtes Ei intern, d. h. in der Körperhöhle, »gelegt« wird, wo es als Nährboden für Infektionen dient. Bei Eileiter-Bauchfellentzündungen verschlechtert sich der Allgemeinzustand des Tieres rapide, oft stirbt es auch.

Erkrankte Hühner sind lethargisch, desinteressiert, ziehen den Kopf zwischen die Schultern und halten den Schwanz unten. Kann man sie zum Gehen bewegen, verfallen sie in einen merkwürdig aufrechten Watschelgang, ähnlich dem eines Pinguins. Der Hinterleib fühlt sich heiß an (bedingt durch die Infektion im Körper), der Kamm ist oft violett-rot oder bläulich.

Es kommt schon einmal vor, dass ein Huhn schock- oder stressbedingt »intern« ein Ei legt, doch wird in solchen Fällen das Eigelb vom Körper in der Regel problemlos nach und nach absorbiert. Bei Hühnern jedoch, die zu oft intern legen, ist der Körper überfordert, und es kann zu einer Schädigung des Eileiters kommen. Vögel mit Verdacht auf Eileiter-Bauchfellentzündung sollten sofort zum Tierarzt gebracht werden, der meist empfiehlt, das Tier einschläfern zu lassen, um es von seinem Leiden zu erlösen. Alternativen wären, den Eileiter zu entfernen oder ein Hormonimplantat einzusetzen, um den Legeprozess dauerhaft zu unterbinden. Hennen, die öfters Probleme mit »internem Legen« haben, darf man nicht fest drücken, da dies Entzündungen begünstigt.

# 56 Bei meinen Hühnern tränen die Augen

## DAS PROBLEM

**Tränende Augen und laufende Nasen sind – in Kombination mit einer schlechten Legeleistung und langsamem Wachstum – typische Anzeichen für eine Geflügelkrankheit namens Mykoplasmose.**

## DIE LÖSUNG

Typische Symptome einer Mykoplasmose sind wässriger Ausfluss aus den Augen und den geschwollenen Nasenlöchern sowie ungepflegtes Gefieder, Niesen, gurgelnde Geräusche, vermindertes Krähen bei erkrankten Hähnen und eine reduzierte Legetätigkeit bei Hennen. Alle einmal infizierten Vögel tragen den Erreger lebenslang in sich. Während manche Tiere an Mykoplasmose sterben, erholen sich andere vollständig, wobei die Krankheit bei ihnen immer mal wieder – obgleich nicht mehr mit einem so schweren Verlauf – ausbrechen kann.

Dass die Erreger im Hühnerbestand verbleiben, kann für nicht infizierte Neuzugänge zum Problem werden. Die Neuankömmlinge entwickeln meist innerhalb weniger Wochen Symptome, während die restlichen Hühner weiterhin gesund und fit wirken. Auch Wildvögel können infiziert sein und den Erreger weitergeben. Die Krankheit wird oft über kontaminierte Einstreu verbreitet und gelangt über Schuhe, Kleider, Futterspender und Tränken von Stall zu Stall, wenn auch der Erreger (der in Ausfluss von Nase und Augen sitzt) außerhalb des Körpers nur wenige Tage überleben kann.

Da nahezu kein Stall komplett mykoplasmenfrei sein dürfte, lässt sich am ehesten mit stressfreier Umgebung und guter Hygiene einem potenziell gefährlichen Ausbruch der Krankheit vorbeugen. Zur Stärkung des Immunsystems kann man zerdrückte Knoblauchzehen oder naturtrüben Apfelessig ins Trinkwasser geben. Die Wirksamkeit der (verschreibungspflichtigen) Medikamente hängt weitgehend davon ab, ob man das Problem früh genug erkannt und in Angriff genommen hat.

## HÄUFIGES PROBLEM

Mykoplasmose ist bei reinrassigen Haushühnern häufig anzutreffen. Es gibt zahlreiche verschiedene Erregerstämme, sodass die Symptome stark variieren können. Der häufigste Typ verursacht Atemwegserkrankungen und schwächt das Immunsystem so stark, dass sich häufig latente leichtere Gesundheitsprobleme, die unter normalen Umständen kaum Schwierigkeiten bereiten, zu massiven Problemen auswachsen.

*Augen und Nasen der Tiere sollten regelmäßig unter die Lupe genommen werden. Jedes Anzeichen eines wässrigen Ausflusses kann auf eine Infektion mit Mykoplasmen hindeuten.*

# 57 Eines meiner Hühner hat eine Schwellung am Fuß

## DAS PROBLEM

**Die wahrscheinlichste Ursache hierfür ist eine Fußballenentzündung – verursacht von durch Hautrisse eingewanderten Staphylokokken.**

## DIE LÖSUNG

Entscheidend ist hier, das Problem zu erkennen, bevor es gravierend wird. Das heißt, die Hühner sollten regelmäßig am ganzen Körper, inklusive der Füße, gründlich mit den Händen abgetastet werden. Eine Fußballenentzündung sollte möglichst früh behandelt werden, da sie beim Fortschreiten immer schmerzhafter wird und das Tier immer mehr behindert. Leider erkennen Halter das Problem oft erst, wenn eines ihrer Hühner bereits lahmt, doch ist in diesem Stadium die Infektion meist schon sehr fortgeschritten und äußerst schmerzhaft.

Natürlich kann man die Schwellung am Fuß mit einem scharfen Skalpell selbst öffnen und den Eiter ausdrücken, doch werden die meisten Hobby-Hühnerhalter dies sicher lieber einem erfahrenen Tierarzt überlassen. Neben Eiter findet man in der Schwellung mittig meist einen festen Kern, der ebenfalls zu entfernen ist. Die Wunde sollte sorgfältig gewaschen und mit einem geeigneten Antiseptikum oder einer Salzlösung behandelt werden. Anschließend setzt man den Vogel auf saubere, weiche Holzspäne und hält ihn isoliert.

Diese Behandlung muss unter Umständen mehrmals wiederholt werden, bis die Entzündung vollständig abgeheilt ist. Fühlt sich das Intertarsalgelenk (weiter oben am Bein) heiß an, kann es sein, dass sich die Infektion bereits ausgebreitet hat; dann sollte man den Tierarzt aufsuchen.

*Man sollte die Fußsohlen von Hühnern regelmäßig untersuchen: auch kleinere Verletzungen, z. B. durch Splitter, können zu schmerzhaften Fußballenentzündungen führen.*

## DRUCKSTELLEN

Fußverletzungen bei Hühnern können vielfältige Ursachen haben. Zu den häufigsten zählen Splitter von ungehobelten Sitzstangen und Holzspänen aus dem Auslauf, aber auch Druckstellen, die durch wiederholtes Hüpfen von zu hoch angebrachten Sitzstangen herrühren und sich entzünden können – Letztere treten, wie zu erwarten, vor allem bei Vertretern schwerer Hühnerrassen oder übergewichtigen Vögeln auf.

# 58 Die Kloakenöffnung ist stark geschwollen

## DAS PROBLEM

**Dies ist meist auf einen sogenannten Legedarm- oder Kloakenvorfall (Prolaps) zurückzuführen, bei dem die Legedarmschleimhaut aus der Kloake ausgestülpt wird.**

## DIE LÖSUNG

Früher hieß es, Hühner mit einem Prolaps sollten besser getötet werden, da bei ihnen die Gefahr bestehe, dass er immer wieder auftritt. Die meisten Hühnerhalter jedoch vertreten die Ansicht, mit guter Pflege könnten Hennen von diesem Problem geheilt werden. Allerdings bleibt ein Restrisiko, sodass erhöhte Wachsamkeit angezeigt ist.

Ob Sie einen Prolaps erfolgreich behandeln können, hängt weitgehend von Ihrer Erfahrung ab. Zuallererst muss das betroffene Huhn isoliert werden, da die anderen Hühner sonst anfangen, an der Kloakenöffnung zu picken, und noch mehr Schaden verursachen – Hennen picken grundsätzlich an blutenden Wunden anderer Vögel. Dann muss die nach außen gestülpte Haut sehr vorsichtig gereinigt und auf Anzeichen von Wunden durch Picken hin untersucht werden.

Wird man fündig oder ist die Umgebung der Kloake stark verschmutzt, sollte zudem zur Verhinderung von Folgeinfektionen ein Antibiotikum verabreicht werden. Dann wird die Schleimhaut mit den Fingern sehr langsam und vorsichtig wieder in den Legedarm gedrückt. Manche Halter tragen danach zusätzlich noch eine Art Hämorroidensalbe auf (fragen Sie Ihren Tierarzt oder erfahrene Hühnerhalter um Rat). Informieren Sie sich zudem, welches Reinigungsmittel in diesem Fall empfehlenswert ist und durch welches Futter sich die Eiproduktion verhindern lässt, bis alles verheilt ist. Bedenken Sie jedoch, dass alle diese Maßnahmen nicht unbedingt erfolgversprechend sind und dass Vorsorge – durch artgerechte Haltung und das richtige Futter – immer besser ist als Nachsorge.

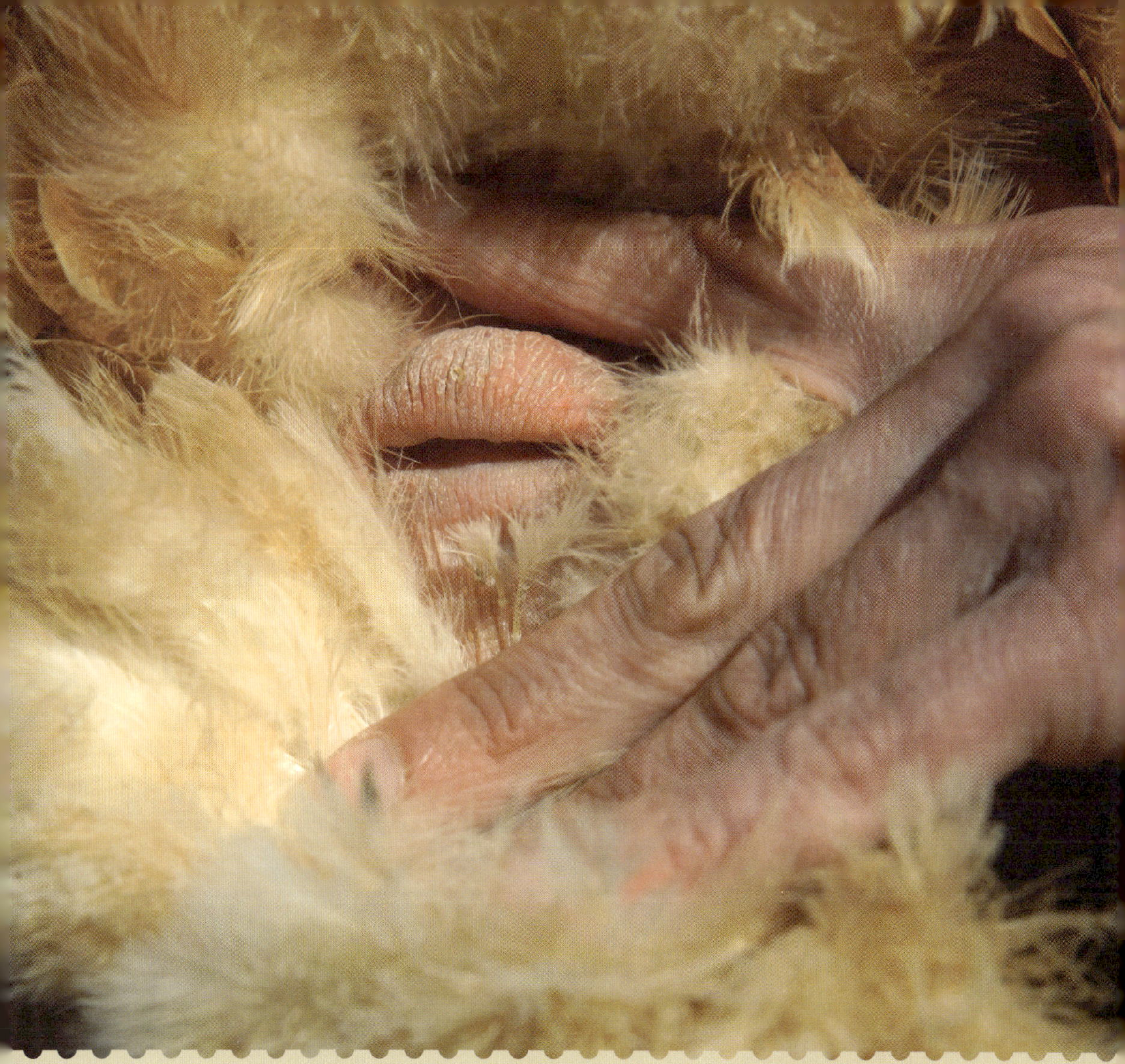

## URSACHEN FÜR EINEN PROLAPS

Ein Prolaps kann verschiedene Ursachen haben. Am häufigsten tritt er auf, wenn die Henne versucht, ein schlichtweg zu großes Ei zu legen oder der Vogel noch nicht legereif ist. Weitere Ursachen sind u.a. eine zu fettreiche Nahrung, Kalziummangel und das unregelmäßige Ausscheiden zu großer Kotmengen, wodurch die Kloake (die Öffnung, über die Kot und Eier ausgeschieden werden) überdehnt wird.

*Die Kloakenöffnung sollte immer sauber und rosa sein. Schwellungen oder Ausstülpungen der Schleimhaut sollten mit Argwohn betrachtet werden, vor allem bei Junghennen, die gerade legereif wurden: dies könnten erste Anzeichen für einen sogenannten Kloaken- oder Legedarmvorfall sein.*

# 59 Eine Henne verliert ihre Rückenfedern

## DAS PROBLEM

**Dieses Phänomen ist während der Paarungszeit relativ häufig zu beobachten, da es während des »Tretaktes« bei den Weibchen schon mal zu Federverlust kommen kann.**

## DIE LÖSUNG

Bei der Paarung von Hühnern geht es recht rau zu. Der Akt selbst dauert zwar nur wenige Sekunden, doch sind die männlichen Vögel größer und stärker als die weiblichen und während des Aktes sehr dominant. Ein Hahn besteigt die Henne (er »tritt« sie, wie es im Fachjargon heißt) und klammert sich, um das Gleichgewicht zu halten, mit seinen kräftigen Klauen an ihrem Rücken und mit dem Schnabel an ihren Nackenfedern fest.

Doch ist meist weniger die raue Vorgehensweise das Problem, sondern die Begleitumstände. Befinden sich in einer Hühnerschar zur Paarungszeit zu viele männliche Tiere, haben die Weibchen meist eine harte Zeit vor sich. Deshalb sollte man während dieser Zeit dafür sorgen, dass im Stall höchstens ein Hahn auf drei Hennen kommt. Doch selbst wenn dieses Verhältnis stimmt, können sich Probleme ergeben. Häufig erwählt ein Hahn sich nämlich eine Lieblingshenne, die dann zu ihrem Leidwesen mit weitaus mehr Aufmerksamkeit bedacht wird als die anderen.

Das Festklammern und Federreißen kann bei zu häufiger Wiederholung zu Federverlust und sogar Hautschädigungen führen. Hühnerhalter sollten sich des höheren Verletzungsrisikos einer zu oft begatteten Henne bewusst sein und einschreiten. Dazu kann man die Henne entweder aus dem Stall entfernen oder mit einem Hühnersattel, dem »Trittschutz«, ausstatten. Ursprünglich aus Leder, wird dieser heute meist aus leichteren und angenehmeren Materialien wie Segeltuch hergestellt und dient als Rücken- und Flankenschutz gegen die scharfen Klauen und Sporen des Hahnes. Er ist mit Schlaufen ausgestattet, die über die Flügel gestreift werden.

## PARASITEN-WACHT

Der Hühnersattel muss alle paar Tage abgenommen werden, um zu überprüfen, ob sich Läuse oder Milben darunter angesiedelt haben, denn warme und feuchte Stellen wie diese sind der ideale Brutplatz für Parasiten. Vor dem Anlegen eines Trittschutzes und nach jeder Untersuchung sollte man die Henne mit einem Anti-Parasitenmittel behandeln.

*Ein Hühnersattel sorgt dafür, dass die Hennen nicht durch die Klauen eines übereifrigen Hahnes verletzt werden. Denken Sie jedoch daran, den Sattel alle paar Tage abzunehmen, die Trägerin zu untersuchen und sie prophylaktisch mit einem Anti-Parasitenmittel zu behandeln.*

# 60 Meine Henne hat einen blutenden Kamm

## DAS PROBLEM

**Blutet der Kamm eines Huhnes, kann dies sowohl auf aggressives Verhalten eines anderen Vogels als auch auf einen Unfall zurückzuführen sein.**

## DIE LÖSUNG

Kämme und Kehllappen werden gerne von anderen Vögeln gepickt oder bleiben an Dornen, scharfen Kanten und Stacheldraht hängen. Ein blutender Kamm – wie auch andere blutende Körperteile – sollten sofort behandelt werden, damit das Tier nicht unnötig leidet. Ein Vogel mit einer blutenden Wunde wird zudem schnell Opfer von Hackattacken anderer Stallbewohner und sollte daher isoliert werden, vorzugsweise in einem sauberen, mit weichen Sägespänen ausgestatteten kleinen Hühnerhaus.

Als Nächstes sollte man natürlich die Wunde reinigen, desinfizieren und versuchen, die Blutung zu stoppen. Kämme und Kehllappen können recht heftig bluten – hier kann man sich mit einem der zahlreichen Wundpuder auf dem Markt behelfen, die die Wunde sowohl desinfizieren als auch rasch trockenlegen. Der Vogel sollte dann – ausreichend mit frischem Wasser und Futter versorgt –, einige Tage Ruhe genießen dürfen. Ganz wichtig ist, dass er erst wieder in die Herde zurückgesetzt wird, wenn die Wunde vollständig verheilt ist. Das kleinste Anzeichen von Blut oder einer Entzündung würde unweigerlich die Aufmerksamkeit der anderen Hühner auf sich ziehen, und alles würde von vorne beginnen.



Eine solche Behandlung ist natürlich nur für kleinere Kratzer und Risse geeignet. Auch wenn Hühner bemerkenswerte Selbstheilungskräfte besitzen, sollte man bei größeren Wunden den Tierarzt aufsuchen, um sie eventuell nähen zu lassen – nur um auf Nummer sicher zu gehen. Denn man sollte das Leiden eines Tieres nicht unnötig verlängern; nur weil einem Huhn vielleicht äußerlich nichts anzumerken ist, heißt das nicht, dass es nicht doch heftige Schmerzen hat.

*Kämme und Kehllappen sind sehr verletzungsanfällig. Reißen sie ein, können sie sehr heftig bluten.*

## ROT SEHEN

Blut ist für andere Hühner wie ein rotes Tuch für einen Stier: Sie werden unweigerlich davon angezogen. Egal, wie zahm und friedlich Hühner sonst sein mögen – wenn eines von ihnen verletzt ist und Blut fließt, beginnen sie wie verrückt auf es einzuhacken. Die Situation kann schnell außer Kontrolle geraten, und es ist nicht ungewöhnlich, dass ein verletzter Vogel innerhalb weniger Stunden von den anderen Hühnern zu Tode gehackt wird.

## 7. KAPITEL

# DIE EIPRODUKTION

Die meisten Hühnerhalter beginnen mit diesem Hobby, weil sie sich darauf freuen, künftig immer mit köstlichen, gesunden, frischen Eiern versorgt zu werden. Gesunde junge Hennen können problemlos fünf bis sechs Eier die Woche legen – vorausgesetzt, sie leben in einer stressfreien, artgerechten Umgebung, in der sie sich wohlfühlen.

Es gilt jedoch einiges zu beachten, damit die Eiproduktion möglichst reibungslos vonstattengehen kann, denn Hennen sind keine Maschinen, die ein Ei nach dem anderen auswerfen. Es gibt viele Faktoren, die ihren Legerhythmus durcheinanderbringen können – das reicht von Schikane durch andere Haustiere oder kleine Kinder bis hin zu Stress durch eine zu hohe Besatzdichte oder schlechtes Haltungsmanagement.

Wer jedoch immer das Wohl seiner Schützlinge im Blick hat, der wird von seinen Hühnern mit vielen köstlichen Eiern mit dickem gelbem Dotter belohnt, wie man sie garantiert nicht im Supermarkt findet.

Doch nicht jedes Ei ist perfekt. Mögen manche nur Schönheitsfehler haben, können andere Schäden durchaus auf Nährstoffmängel hinweisen, und es ist wichtig, diesen Unterschied auch erkennen zu können. Hühnerhalter sollten zudem stets das Eiablageverhalten der Hennen im Auge behalten, denn außerhalb der Nistkästen gelegte Eier können leicht zerbrechen und zu einer unerwünschten Gewohnheit führen, dem Eierfressen.

# 61 Meine Hennen legen noch nicht

## DAS PROBLEM

**Es kommt häufig vor, dass neu gekaufte Hennen nicht gleich Eier legen, denn die Legereife ist beim Huhn altersabhängig, und das genaue Alter kennt man nicht immer – als Käufer ist man hierbei auf die Ehrlichkeit des Verkäufers angewiesen.**

## DIE LÖSUNG

Hennen erreichen im Alter von etwa 20–24 Wochen die Legereife. Dies ist der Zeitpunkt, an dem sie geschlechtsreif werden und damit auch die Fähigkeit erlangen, sich fortzupflanzen, d. h., Eier zu produzieren. Allerdings varriert dieser Zeitpunkt je nach Rasse und manchmal sogar innerhalb verschiedener Zuchtlinien.

Probleme gibt es, wenn Züchter – um Geld zu sparen – ihre Hennen als legereif verkaufen, obwohl sie gerade erst mal acht Wochen alt sind. Äußerlich lässt sich das Alter einer Henne nicht feststellen, und der Verkäufer behauptet dann, das Ausbleiben von Eiern sei schlicht auf den Stress zurückzuführen, den der Umzug in eine neue Umgebung für den Vogel mit sich gebracht habe.

Dieses Problem lässt sich umgehen, indem man seine Legehennen bei einem seriösen Züchter kauft, der ordentliche Vögel im richtigen Alter anbietet. Dann muss man auch nicht verärgert und enttäuscht wochenlang auf sein erstes Ei warten!

*Es kann sein, dass neu gekaufte Hennen erst ein bis zwei Monate nach dem Kauf mit dem Eierlegen beginnen, denn die Legereife ist altersabhängig.*

# 62 Meine Hennen legen nicht jeden Tag ein Ei

## DAS PROBLEM

**Entgegen landläufig verbreiteter Ansicht legen Hennen nicht jeden Tag ein Ei – dafür ist ihr Körper schlichtweg nicht ausgelegt, also sollte man es auch nicht erwarten.**

## DIE LÖSUNG

Schrauben Sie die Erwartungen an Ihre Legehennen herunter. So leistungsfähig sie auch sein mögen – vor allem die modernen Hybriden –, sind sie doch keine Maschinen, und deshalb kann ihre Produktivität schwanken.

Vereinfacht gesagt ist das Hauptziel im Leben eines weiblichen Huhnes ein (meist aus sieben bis acht Eiern bestehendes) Gelege in einem Nest, das sie drei Wochen lang bebrütet, bis die Küken schlüpfen. Wohlgemerkt – nur weil man ihnen die Eier jeden Tag wegnimmt, produzieren Hennen ständig neue. Doch ihr Körper ist nicht für eine ununterbrochene Eiproduktion ausgelegt, sodass die meisten Hennen sechs Tage lang täglich ein Ei legen und dann einen Tag Pause machen, um sich zu erholen. Die Produktion eines Eis dauert etwa 26 Stunden, und zwischen der Ablage eines Eis und dem Produktionsbeginn des nächsten Eis gibt es immer eine kurze Pause.

Aus diesem Grund verschiebt sich die Legezeit einer Henne jeden Tag ein wenig nach hinten. Zudem ist jede Henne mit einer bereits bei der Geburt festgelegten Anzahl Eier »ausgestattet«, die sie im Laufe ihres Lebens legen kann, doch ob sie diese dann auch tatsächlich legt, hängt von vielen Faktoren ab wie ihrem Gesundheitszustand, ihrer Umgebung und den Haltungsbedingungen.

*Erwarten Sie nicht, das jede Henne jeden Tag ein Ei legen – ihre Körper sind nicht für eine ununterbrochene Eiproduktion ausgelegt.*

# 63 Die Eier sind winzig

## DAS PROBLEM

**Zu Beginn ihrer Legereife erleichtert sich die Henne den Einstieg in die Eiproduktion durch die Produktion winziger, oft seltsam geformter Eier.**

## DIE LÖSUNG

Diese »Zwergeier« sind eine Art Übungsprodukt und somit lediglich kleine Vorboten »richtiger« Eier, also braucht man sich keine Sorgen zu machen. Meist enthalten sie kein Eigelb, sondern nur Eiweiß.

In der Regel produziert eine Henne bloß eine Handvoll solcher Miniatureier – sobald sie ihre normale tägliche Legeroutine aufnimmt, werden auch die Eier schnell größer. Das Phänomen beschränkt sich also weitgehend auf Junghennen, die gerade erst die Legereife erreicht haben. Ausnahmen sind ältere Vögel, die unter Schock stehen, z. B. nach einem Fuchsangriff; wenn sonst alles stimmt, wird dies aber rasch vorübergehen. Falls eine legereife Henne dennoch weiterhin Eier unterdurchschnittlicher Größe legt, dann liegt das Problem woanders, und man sollte sie vom Tierarzt untersuchen lassen.

*Junghennen legen zu Beginn ihrer Legereife winzige »Zwergeier«. Normalerweise produzieren sie nur einige wenige davon, bevor sie ihren normalen Legerhythmus aufnehmen und die Eier ihre übliche Größe – wie hier zu sehen – erreichen.*

# 64 Die Eierschale hat die falsche Farbe

## DAS PROBLEM

**Haben die Eierschalen Ihrer Hühner nicht die erhoffte Farbe, ist dies meist auf den Legezeitpunkt oder die Zuchtlinie zurückzuführen und weniger auf ein medizinisches Problem.**

## DIE LÖSUNG

Manche Rassehühner (und zunehmend auch einige moderne Hybridleger) sind berühmt für ihre wunderschönen Eierfarben. Die Araucanas beispielsweise legen hübsche grüne Eier, die Cream Legbar blaue, und die der französischen Marans sind von einem dunklen Schokoladenbraun. Leider gibt es keine Garantie dafür, dass die Eier immer die gewünschte Farbe aufweisen – am zuverlässigsten sind sie noch bei Vertretern der besten Zuchtlinien einer Rasse zu finden.

Je nachdem, was gerade Mode ist, führt bei Hobbyzüchtern die Aussicht auf spektakuläre Eierfarben zu einer erhöhten Nachfrage bestimmter Rassen, was skrupellose Züchter oft ausnutzen: sie versprechen das Blaue vom Himmel, und wenn sich die erhoffte Farbe nicht einstellt, finden sie hundert plausibel klingende Gründe dafür – obwohl die schlichte Wahrheit lautet, dass sie einem ein Tier aus einer minderwertigen Zuchtlinie verkauft haben.

Kaufen Sie deshalb Ihre Rassehühner besser bei einem renommierten Züchter, der vom entsprechenden Zuchtverein oder -verband empfohlen wird. Erwähnenswert ist auch, dass die Schalenfarbe zu Beginn der Legeperiode immer kräftiger ist und im Laufe der folgenden Wochen blasser wird, weil die Farbpigmentreserven des Vogels langsam aufgebraucht werden.

## TRAU, SCHAU, WEM

Eier mit ungewöhnlichen Schalenfarben sind sehr beliebt, doch leider bedeutet der Erwerb eines Rassehuhns mit entsprechenden Genen noch nicht, dass es genau die gewünschte Eierfarbe liefert, denn innerhalb einer Rasse gibt es meist mehrere Zuchtlinien. Am ehesten kann man hier noch Empfehlungen eines Zuchtvereins oder Züchterverbands vertrauen.

*In den letzten Jahrzehnten wurde bei der Rassegeflügelzucht weitaus mehr Wert auf das ausstellungsrelevante Äußere der Tiere gelegt als auf Eiproduktion und Schalenfarbe; wer also seine Hühner von einem Züchter oder auf einer Geflügelbörse wie hier erwirbt, sollte sich vorab gründlich informieren.*

# 65 Ich finde im Hühnerstall immer wieder zerbrochene Eier

## DAS PROBLEM

**Manchmal werden Eier schlicht von ungeschickten Hühnern zerbrochen, manchmal enthält aber auch die Schale nicht genug Kalk, sodass sie schneller kaputtgeht.**

## DIE LÖSUNG

Findet man im Hühnerstall zerbrochene Eier, verheißt das nichts Gutes – denn es ist nicht nur eine unnötige Verschwendung, sondern kann auch zu einer unerwünschten und schwer abzugewöhnenden Unsitte, nämlich dem Eierfressen, führen. Sobald Hühner einmal Gefallen am Geschmack roher Eier gefunden haben, weil sie einige Male mit ihnen in Berührung gekommen sind, stellen sie rasch eine Verbindung her und zerbrechen Eier mit voller Absicht, um an den leckeren Inhalt zu gelangen.

Zuerst sollten Sie herausfinden, warum die Eier überhaupt zerbrechen, und zwar möglicht rasch, denn davon hängt es ab, ob Sie das Problem in den Griff bekommen. Die erste Vorsichtsmaßnahme wäre, die Eier so bald wie möglich nach ihrer Ablage aus dem Hühnerstall zu entfernen. Wenn tagsüber niemand zu Hause ist, kann das schwierig sein – in diesem Fall können Sie sich mit Abrollnestern behelfen, bei denen die Eier nach der Ablage sofort außer Reichweite rollen.

Sind bei den Eiern die Schalen nicht stabil genug, gehen sie ebenfalls schneller kaputt – hier sollte man die Futterzusammensetzung prüfen, denn oft liegt ein Kalziummangel vor. Und schließlich sind manche Hühnerrassen aufgrund befiederter Beine oft etwas unbeholfen und zerbrechen deshalb öfter Eier. Dem kann man abhelfen, indem man die unteren Beinfedern abschneidet.

## SCHLECHTE LEHRMEISTER

Beobachten Sie häufiger das sogenannte Eierfressen, sollten Sie die Schuldige(n) identifizieren und aus dem Stall entfernen. Verbleibt auch nur ein Huhn mit dieser Angewohnheit dort, besteht das Risiko, dass es den anderen diese Unsitte beibringt.

*Zerbrochene Eier im Hühnerstall – egal aus welchem Grund – verheißen nichts Gutes und sollten so schnell wie möglich entfernt werden.*

# 66 Die Eierschalen sind stark verschmutzt

## DAS PROBLEM

**Verschmutzte Eier sind kein schöner Anblick, umso weniger, wenn man weiß, dass die Verunreinigung von Kot – und dieser wiederum von verschmutzten Federn um die Kloakenöffnung oder von verunreinigter Einstreu im Nistkasten – stammt.**

## DIE LÖSUNG

Mit verschmutzten Eiern gehen gesundheitliche Risiken einher, sowohl für die Konsumenten als auch für die Embryos im Innern, falls die Eier zum Bebrüten gedacht sind. Deshalb sollte man dieses Problem auf jeden Fall ernst nehmen und Abhilfe schaffen.

Hennen mit verschmutzten Federn an der Kloakenöffnung sind krank, denn ein gesundes Huhn setzt überwiegend trockene, feste Kothaufen mit klar unterscheidbaren weißen und dunkelbraun-schwarzen Bereichen ab. Wässriger, durchfallähnlicher Kot, der die Federn verklebt, kann auf verschiedene Probleme hindeuten, u. a. auf Kokzidiose und Virusinfektionen, die beide vom Tierarzt behandelt werden müssen, ist oft aber auch ein Hinweis auf falsches oder verschimmeltes Futter sowie verunreinigtes Trinkwasser.

Eine offensichtlichere Ursache ist durch Exkremente verunreinigtes Nistmaterial, was ein Zeichen für mangelhafte Hygiene und Aufmerksamkeit ist. Dieses Problem lässt sich leicht beheben, indem man jeden Tag den Kot von Hand aus den Nistkästen entfernt. Das ist rasch erledigt, am besten gleich nachdem die Hühner morgens den Stall verlassen haben – so bleiben nicht nur die Eier sauber, sondern kann auch die Einstreu länger in den Nistkästen belassen werden.

## SCHMUCKE SCHALEN

Sind die Eier für den Eigenverzehr bestimmt, reicht es durchaus, den schlimmsten Schmutz mit einer Bürste zu entfernen. Eier jedoch, die zum Bebrüten gedacht sind, sollten sorgfältig mit lauwarmem Wasser und einem für Eier geeigneten Desinfektionsmittel gesäubert werden. Heißes Wasser besser nicht verwenden, denn dadurch können schädliche Keime durch die poröse Eierschale leichter ins Innere gelangen.

*Verunreinigte Schalen sind nicht nur optisch unschön, sondern stellen auch ein Problem dar, wenn die Eier bebrütet werden sollen.*

# 67 Die Eier werden auf dem Stallboden gelegt

## DAS PROBLEM

**Dies passiert meist, wenn es nicht genügend Legenester für alle Hühner, die den Stall nutzen, gibt oder wenn die Nistkästen in irgendeiner Hinsicht ungeeignet sind.**

## DIE LÖSUNG

Am geschütztesten sind Eier, wenn sie in einen Nistkasten gelegt werden. Liegen sie hingegen auf dem Stallboden, können sie von den Hühnern beim Herabhüpfen von den Sitzstangen oder beim Betreten bzw. Verlassen des Stalls versehentlich zerbrochen werden.

Um die Hühner zur Benutzung der Legenester zu ermutigen, sollten diese weit genug von Eingang und Fenstern entfernt liegen, mit einer dicken Schicht sauberer Einstreu ausgelegt sein und sich – idealerweise – zwischen Boden und Sitzstangen befinden. Auch die Größe der Legenester ist wichtig, denn sind sie zu klein, fühlen sich die Hühner darin unwohl.

Hühner legen alle meist etwa zur selben Tageszeit, sodass dann eine erhöhte Nachfrage an Nestern besteht. Sind zu wenig für alle Stallbewohnerinnen da – als Faustregel gilt ein Legenest für drei Vögel –, legen manche ihre Eier auf den Boden. Junghennen müssen zudem oft erst daran gewöhnt werden, Legenester zu benutzen; meist legt man dazu ein bis zwei falsche Eier (aus Kunststoff oder Porzellan) in ihr Legenest.



Auch die Lichtverhältnisse sollten stimmen, denn Hennen mögen es beim Legen nicht zu hell, weshalb die Legenester möglichst im dunkelsten Bereich des Hühnerhauses untergebracht sein sollten. Ist Ihr Stall insgesamt zu hell, kann es problematisch werden. Versuchen Sie den Nistbereich mithilfe von Sackleinen etwas abzudunkeln, so wird das Licht etwas gedämpft, die Hennen können aber problemlos hinein- oder hinausgelangen.

*Auf dem Boden liegende Eier wie dieses sollte man schnellstmöglich entfernen, damit sie nicht versehentlich zerbrochen werden.*

## SCHLECHTES BENEHMEN?

Probleme wie Eiablage auf dem Boden, Schikanieren oder Federpicken sind meist auf schlechte Haltungsbedingungen zurückzuführen. Achtet man jedoch auf artgerechte Bedingungen wie niedriger Besatz, einen funktionalen Hühnerstall und eine stressfreie Umgebung, ist die Haltung einer eigenen kleinen Hühnerschar ein wahres Kinderspiel.

# 68 Meine Hennen legen keine normalen Eier

## DAS PROBLEM

**Bei Eierschalen können ganz unterschiedliche Defekte auftreten – so können sie rau, gerillt oder extrem dünn sein, manchmal fehlt die Schale sogar ganz. Zu den Verursachern zählen u. a. falsches Futter, Krankheiten, Stress und Erbfaktoren.**

## DIE LÖSUNG

Die Eiqualität hängt in hohem Maß davon ab, aus welchem Zuchtbestand die Hennen stammen, dann natürlich von ihren Haltungsbedingungen, am meisten aber vom Futter. Eine Eierschale besteht zu etwa 90 Prozent aus Kalk (ca. 2 g), interessanterweise finden sich zudem Magnesium und Phosphor sowie winzige Mengen an Kalium, Natrium, Zink, Mangan, Eisen und Kupfer. Mangelt es einem Vogel an einem dieser wichtigen Mineralstoffe, kann dies die Qualität der Schale negativ beeinfussen.

Weichschalige Eier (d. h., das Ei hat lediglich eine gummiartige Umhüllung) können auf verschiedene Ursachen wie Krankheit, Furcht, geänderte Haltungsbedingungen, heißes Wetter, Erbfaktoren oder Vitamin-D-Mangel zurückzuführen sein. Bei Junghennen zu Beginn der Legereife allerdings sind solche Eier nicht ungewöhnlich, vor allem wenn dies damit zusammenfällt, dass die Tage länger werden. Bei Legehennen werden die Schalen mit zunehmendem Alter ebenfalls dünner, da die Funktion der Schalendrüse abnimmt.

Wer also richtig schöne und gute Eier haben will, sollte dafür sorgen, dass seine Hennen glücklich und gesund sind und ein speziell auf sie abgestimmtes Futter erhalten. Sind die Eier ohne erkennbare Ursache weichschalig, kann man den Vögeln ein paar Handvoll Muschelgritt in eine Schale neben dem Hauptfutterbehälter geben, dann nehmen die Hühner je nach Bedarf davon. Legehennenfutter ist jedoch ausgewogen und enthält genug Kalzium, um eine gute Schalenqualität zu gewährleisten.

## DÜNN, ABER ROBUST

An der Qualität der Eierschale lässt sich – sowohl unter praktischen als auch unter ästhetischen Gesichtspunkten – die Legeleistung einer Henne ablesen: Die Eier sollen appetitanregend aussehen, doch müssen ihre Schalen gleichzeitig sehr robust sein, und es ist wirklich ärgerlich, wenn die Eierschale schon beim Herausnehmen aus dem Nest eingedrückt wird.

*Schalendefekte bei Eiern können eine ganze Reihe verschiedener Ursachen haben. Bei gut versorgten, gesunden und glücklichen Hühner dürften sie aber kaum auftreten.*

# 69 Meine reinrassigen Hühner legen keine Eier

## DAS PROBLEM

**Wenn die Legeleistung reinrassiger Hühner oft nicht den Erwartungen entspricht, hat dies seine Ursache meist darin, dass das Tier übergewichtig oder schlichtweg zu alt ist oder aus einer »falschen« Zuchtlinie stammt.**

## DIE LÖSUNG

Viele der heute beliebten Rassehühner wurden von Züchtern speziell zu Ausstellungszwecken gezüchtet. Dazu gehört, dass auf ein dichteres Federkleid, als die Rasse ursprünglich hatte, hingezüchtet wurde – und mehr Federn heißt ganz einfach weniger Eier. Denn in der Regel können Hühner entweder das eine oder andere in ausreichendem Maß produzieren, aber nicht beides gleichzeitig, was auch erklärt, warum sie während der jährlichen Mauser die Eiablage einstellen.

Sind Ihnen Eier wichtig, achten Sie also darauf, dass die von Ihnen anvisierten reinrassigen Hühner aus einer auf Legeleistung ausgerichteten Zuchtlinie stammen und nicht aus einer, mit der vorrangig auf das Aussehen gezüchtet wird. Erstere gibt es leider bei vielen reinen Rassen gar nicht mehr, sie sind jedoch manchmal noch bei Zweinutzungshühnern (Zwiehühnern) wie Sussex oder Dorking zu finden. Auch die Futtermenge spielt für die Legeleistung eine Rolle und sollte im Idealfall auf 125 g Spezialfutter pro Vogel beschränkt sein. Erhalten Rassehühner mehr Futter, werden sie zu dick, was nicht nur zu ernsten Gesundheitsproblemen führen kann, sondern auch ihre Legeleistung beeinflusst.

Und schließlich sollte man noch wissen, dass Hühner mit zunehmendem Alter immer weniger Eier legen. Bei Hennen über vier Jahren liegt die Legeleistung deutlich unter der von Vögeln, die sich in der Blüte ihrer Jugend befinden.

*Rassehühner wie diese Orpington hier, die weltweit als Schauhühner beliebt sind, werden seit Generationen von Züchtern durch sorgfältige Selektion auf eine dichtes Federkleid hin gezüchtet. Diese Zuchterfolge haben sich allerdings äußerst negativ auf deren Legeleistung ausgewirkt – wählen Sie also besser eine andere Rasse, wenn Sie ein Huhn mit guter Legeleistung suchen.*

## 8. KAPITEL

# DIE KUNSTBRUT

Der Schlupf von Küken ist einer der faszinierendsten Augenblicke bei der Hühnerhaltung. Natürlich ist ein Brutapparat nicht gerade das, was Mutter Natur vorgesehen hat, aber für die meisten Hobbyzüchter ist er einfach äußerst praktisch. Was jedoch bei einer brütenden Henne so einfach aussieht, ist ein schwieriger Balanceakt, wenn man Eier in einer unnatürlichen Umgebung wie dem Brutschrank bebrüten will.

Entscheidend für den Erfolg sind hier Faktoren wie Wärme, Feuchtigkeit und das regelmäßige Drehen der Eier – all das, was eine Mutterhenne instinktiv macht. In einem Brutapparat müssen diese überaus wichtigen Faktoren stets kontrolliert und im Bedarfsfall angepasst werden, was umso besser gelingt, je ausgeklügelter der Apparat und je geübter man im Umgang mit ihm ist.

Was auch immer Ihnen Verkäufer oder Werbung weismachen wollen – denken Sie daran, dass die erfolgreiche Brut von Eiern eine Kunst ist, bei der vieles schiefgehen kann und die neben der Technik auch Geschick, Sachkenntnis und Intuition erfordert.

Wie man Bruteier richtig lagert, wie man überprüft, ob sie befruchtet sind und wann man weiß, ob man beim Schlupf der Küken helfen muss – dies sind nur einige der Dinge, die man wissen sollte. Lassen Sie sich dennoch nicht abschrecken: Mit zunehmender Erfahrung stellen sich die Erfolge ein und das Ergebnis macht alles wett.

# 70 Ich weiß nicht, wie ich Bruteier lagern soll

## DAS PROBLEM

**Wie befruchtete Bruteier vor dem Bebrüten richtig gelagert werden sollten, darüber gehen die Meinungen weit auseinander.**

## DIE LÖSUNG

Für die Lagerung befruchteter Eier vor dem Bebrüten gibt es zwei goldene Regeln: Erstens sollte man sie nie im Kühlschrank aufbewahren. Die Keimscheibe – aus der sich der Embryo entwickelt – ist äußerst empfindlich gegenüber extremen Temperaturen, und es besteht durchaus das Risiko, dass sie bei den heute in Kühlschränken oft niedrigen Temperaturen abstirbt. Idealerweise werden Bruteier bei einer konstanten Temperatur von etwa 12 °C gelagert und nie direktem Sonnenlicht ausgesetzt, da dieses zu starken Temperaturschwankungen im Eiinnern führen kann. Zu hohe Temperaturen wiederum können den Wachstumsprozess auslösen.

Zweitens ist der Zeitfaktor wichtig. Bereits ab einem Eialter von einer Woche nimmt die Schlupfwahrscheinlichkeit jeden Tag um 1,5 Prozent ab. Nach 14 Tagen sinkt diese noch stärker, sodass sich Eier, die deutlich über zwei Wochen alt sind, nicht mehr für die Brut eignen. Der ideale Zeitpunkt, um mit dem Bebrüten zu beginnen, scheint bei einem Eialter von etwa drei Tagen zu liegen.

Einige Züchter schwören darauf, die Eier auf der Seite zu lagern, andere wiederum darauf, mit der spitzen oder stumpfen Seite oben bzw. unten. Im Großen und Ganzen scheint dies jedoch eine Frage persönlicher Vorlieben zu sein; wichtiger ist, dass sie sich nicht berühren (damit sie nicht versehentlich beschädigt werden oder zerbrechen) und dass man sie jeden Tag dreht (am besten über Kopf). Dieses regelmäßige Drehen während der Lagerung ist wichtig, damit der Eidotter nicht in außermittiger Position im Ei festklebt, was sich schädlich auf die Entwicklung des Embryos auswirken kann.

*Bruteier sollten vor der Brut sorgsam gelagert werden, d. h. geschützt, nicht in direkter Sonne und nicht im Kühlschrank.*

## RICHTIGE LAGERUNG

Am besten sind Bruteier in einer speziellen Legehorde aufgehoben (man kann aber auch normale Eierpaletten aus dem Supermarkt verwenden), die eine sichere Lagerung gewährleisten und in denen die Eier leicht zu drehen sind, während sie darauf warten, ausgebrütet zu werden.

# 71 Ich weiß nicht, ob meine Bruteier befruchtet sind

## DAS PROBLEM

**Hühnerhalter sind oft unsicher, ob ihre Bruteier tatsächlich befruchtet sind, da dies von außen nicht zu erkennen ist.**

## DIE LÖSUNG

Es ist sehr unwahrscheinlich, dass aus jedem Ei, das Sie in den Brutschrank legen, auch ein Küken schlüpft, und mit bloßem Auge ist von außen nicht zu erkennen, ob ein Ei befruchtet ist oder nicht. Man kann sich hier nur auf seine Erfahrung und (hoffentlich vorhandene) Informationen aus erster Hand über die Qualität der Elterntiere verlassen.

Sobald der Brutvorgang eingesetzt hat, kann man durch sogenanntes Schieren im Inneren des Eis nach Anzeichen einer Entwicklung suchen. Dazu braucht man lediglich eine starke Lichtquelle, mit der man das Ei durchleuchtet, um ins Innere sehen zu können. Auch eine Taschenlampe und eine Papprolle lassen sich verwenden, bessere Ergebnisse erzielt man jedoch mit einer professionellen Schierlampe. Wenn alles gut läuft, sieht man beim ersten Durchleuchten – etwa 10 Tage nach Einlegen des Eis in den Brutschrank – einen spinnenähnlichen Schatten in der Mitte des Eis: Der dunkle Fleck darin ist der Embryo, die »Spinnenbeine« sind die sich entwickelnden Blutgefäße. Ist nach 12 Tagen Brut nichts zu erkennen, dann hat sich aus irgendeinem Grund der Embryo nicht entwickelt oder das Ei war gar nicht befruchtet.



Es kann auch vorkommen, dass eine eingesetzte Entwicklung plötzlich aufhört. Dies kann verschiedene Gründe haben – vielleicht stimmte die Temperatur nicht, es war zu feucht oder zu trocken, die Eltern waren schwächlich oder falsch ernährt oder der Embryo war krank bzw. das Ei kontaminiert. Solche Eier sollte man sofort entsorgen, da sie keimbelastet sein und andere Eier kontaminieren können.

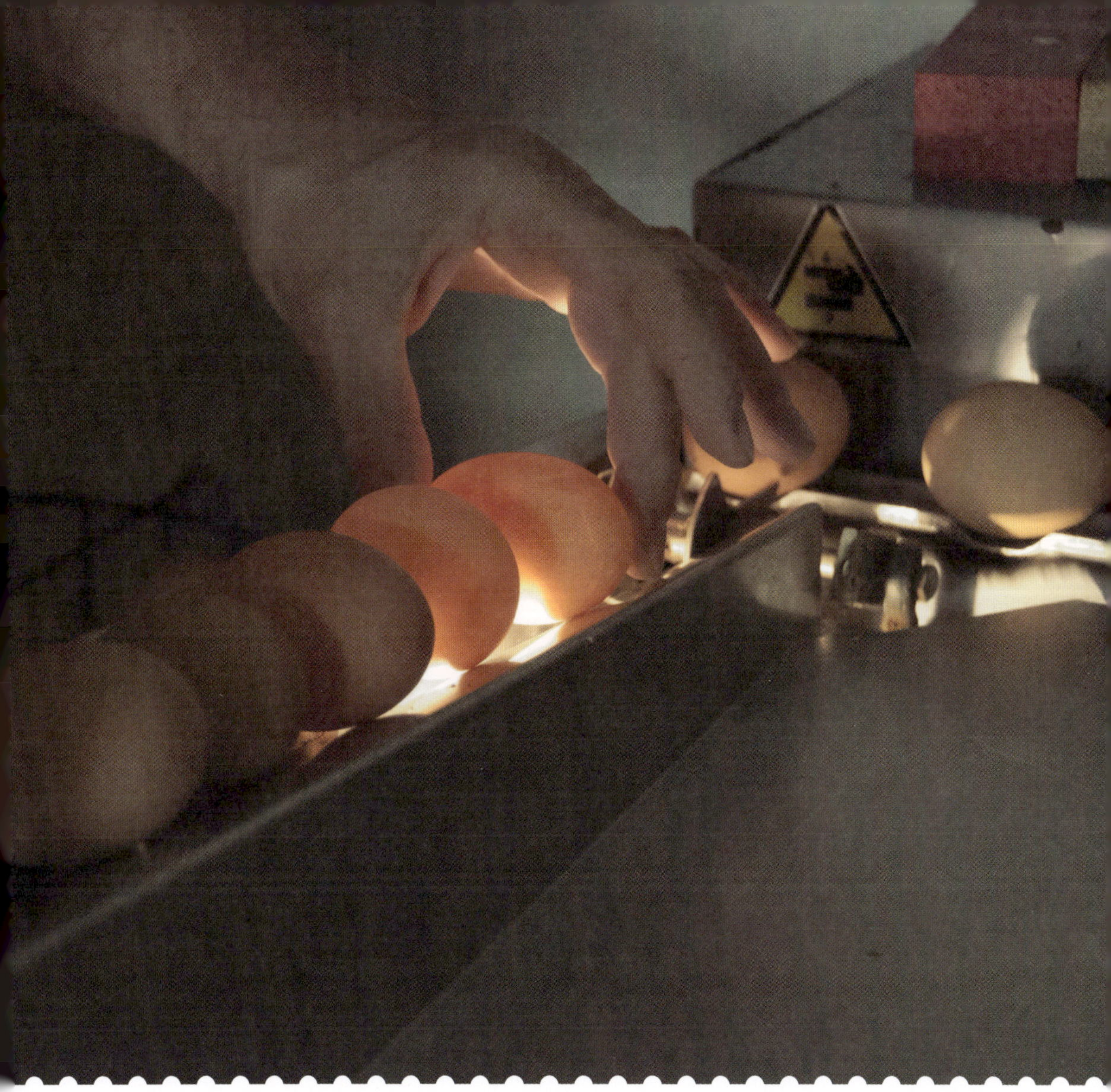

## DIE UMGEBUNG SCHÜTZEN

Widerstehen Sie der Versuchung einer allzu häufigen Durchleuchtung der Eier, da Sie dazu jedes Mal den Inkubator öffnen müssen und sich dies negativ auf Temperatur und Feuchtigkeit im Apparat auswirken kann.

*Schieren (Durchleuchten) ist eine einfache, aber die einzig zuverlässige Methode, um festzustellen, ob eine Ei befruchtet ist oder nicht. Dies lässt sich frühestens zehn Tage nach Brutbeginn erkennen.*

# 72 Ich weiß nicht, ob ich beim Schlupf helfen soll

## DAS PROBLEM

**Für einen missglückten Schlupf gibt es viele Ursachen, doch meist hat ein Tier, das sich nicht alleine aus der Schale befreien kann, ein grundlegendes Problem. Ob man hier helfen soll oder nicht, ist ein Dilemma, bei dem man besser den Kopf als das Herz entscheiden lässt.**

## DIE LÖSUNG

Jeder, der Eier in einem Inkubator ausbrütet, wird früher oder später mit Küken konfrontiert, die einfach nicht in der Lage sind, sich aus ihrer Schale zu befreien. Sie schaffen es zwar, mit dem Eizahn am Schnabel ein Loch in die Schale zu picken (das sogenannte Anpicken), aber weiter kommen sie nicht. Manchen gelingt es sogar noch, einen Teil der Schale abzustreifen, aber dann verlässt sie endgültig die Kraft. Die große Frage ist hier natürlich: sollen Sie eingreifen?

Nun, zu dieser Frage gibt es zwei völlig konträre Einstellungen. Die Gegner verneinen mit dem Argument, in der Natur »überlebe nur der Stärkere«, und ein Küken, das sich nicht alleine aus der Schale befreien kann, sei auch nicht lebenstüchtig. Dies mag gefühllos klingen, doch, argumentieren sie, wenn man schwächlichen Tieren das Überleben und damit die Fortpflanzung ermöglicht, werden sie den gesamten Genpool schwächen und dadurch den Fortbestand der Rasse gefährden.

Auf der anderen Seite stehen jene, die meinen, Leben müsse generell geschützt werden, weshalb man alles versuchen solle, um solchen Küken den Schlupf und ein normales Leben zu ermöglichen. Natürlich fällt es leicht, diesen mitfühlenden Standpunkt zu teilen, aber was ist, wenn es nicht nur ums Überleben geht? Was, wenn das schwächliche Küken krank und/oder schwer behindert ist? Welche Lebensqualität hat es dann zu erwarten? Und: Sind wir nicht auch verpflichtet, das Leiden eines Tieres in unserer Obhut nicht unnötig zu verlängern?

## EIN SCHWIERIGES UNTERFANGEN

Wie hilft man einem Küken beim Schlupf? Das weiß niemand so genau. Man kann versuchen, die Schale stückchenweise mit einer Pinzette abzuzupfen – aber wie vorsichtig man dabei auch vorgehen mag, die Gefahr ist groß, dem Vogel dadurch mehr zu schaden, als zu nutzen. Also sollte man seine Vorgehensweise gründlich überdenken, bevor man handelt.

*Beim Schlupf helfen oder nicht? Das ist ein sehr gefühlsbelastetes Thema und für die meisten Züchter eine schwierige Entscheidung, denn hier kommen sich Herz und Verstand in die Quere.*

# 73 Nicht aus jedem Ei ist ein Küken geschlüpft

## DAS PROBLEM

**Es kommt nur selten vor, dass aus jedem Ei im Brutschrank ein Küken schlüpft; als normal gilt eine Ausfallquote von 10–50 Prozent. Wie groß der Verlust tatsächlich ist, hängt von der jeweiligen Rasse, der Qualität der Eier sowie der Qualität des Inkubators (bzw. dessen Bedienung) ab.**

## DIE LÖSUNG

Es gibt keine Garantie dafür, dass aus jedem Ei ein Küken schlüpft, aber Sie können einiges tun, um möglichst vielen Küken beste Startchancen zu bieten. Allgemein gilt, dass Eier, die älter als eine Woche sind, gar nicht erst im Brutschrank landen sollten, denn die Schlupfrate fällt nach einer Woche dramatisch ab. Versucht man es dennoch, ist das nur unnötige Zeit-, Geld- sowie Platzverschwendung im Inkubator. Am besten schreibt man mit Bleistift (nie mit Filzstift, denn Eierschalen sind durchlässig) auf jedes Ei das Einsammeldatum.

Bei der Auswahl der Bruteier sollte man stark verschmutzte meiden, denn die Brut von Eiern mit kotverschmierten Schalen fördert die Verbreitung potenziell gefährlicher Bakterien. Manche Züchter verwenden für die Reinigung ihrer Bruteier spezielle Desinfektionsmittel, andere nicht; aber Eier sollten nie ins Wasser getaucht und immer nur mit Qualitätsprodukten gewaschen werden sowie vollständig getrocknet sein, bevor sie in den Inkubator kommen.

Und schließlich sollte man für die Brut keine Eier mit Schalendefekten oder von der klassischen Eiform abweichende wie extrem runde oder lang gezogene oder welche mit rauer, ungleichmäßiger, gefurchter und zu dünner Schale wählen. Denn wenn Form und Beschaffenheit eines Eis von der Norm abweichen, ist dies ein Hinweis darauf, dass die betreffende Henne Probleme hatte, was wiederum befürchten lässt, dass auch mit dem Embryo etwas nicht stimmt.

*Es kommt nur äußerst selten vor, dass alle Küken schlüpfen – je nach Rasse gehen Züchter von einer Verlustrate von 10–50 Prozent aus.*

## EIN BALANCEAKT

Wie so oft scheinen natürliche Abläufe wie das Ausbrüten eines Eis ganz einfach zu sein – bis man das Gleiche in einer künstlichen Umgebung nachzuahmen versucht. Es ist äußerst schwierig, einen Inkubator so einzustellen, dass er möglichst »hennenähnlich« Temperatur, Feuchtigkeit und Drehbewegung des Eis konstant hält – wie sich gerade bei billigen Geräten oft zeigt!

# 74 Ich habe gemerkt, dass die Anzeigewerte des Inkubators schwanken

## DAS PROBLEM

**Selbst kleine Temperatur- oder Feuchtigkeitsschwankungen im Inkubator können sich stark auf den Schlupferfolg auswirken. Meistens sind schwankende Anzeigewerte auf eine falsche Einstellung oder den falschen Standort zurückzuführen, aber auch das Gerät selbst kann unpräzise arbeiten.**

## DIE LÖSUNG

Sehr wichtig für die ordnungsgemäße Funktion eines Brutapparates ist sein Standort, etwas, das unerfahrene Inkubator-Nutzer häufig übersehen. Moderne Geräte sind zwar so konzipiert, dass sie das Milieu im Innern selbstständig kontrollieren, doch ist dies auch stark davon abhängig, ob sie richtig eingestellt wurden und an einem geeigneten Platz stehen. Ein Inkubator arbeitet am zuverlässigsten in einer gleichbleibenden Umgebung, d. h. einem Raum, der weder zu warm noch zu kalt, zu trocken noch zu feucht und keinen starken Temperaturschwankungen unterworfen ist.

Viele Leute – vor allem solche mit Kindern, die nichts von dem versäumen wollen, was darin passiert – stellen ihren nagelneuen Inkubator in eine warme Küche, einen beheizten Hauswirtschaftsraum oder einen von der Sonne aufgeheizten Wintergarten – allesamt völlig ungeeignete Räumlichkeiten. Auch Räume mit Zentralheizung, die tagsüber relativ warm und nachts kühl sind und deren Luftfeuchtigkeit schwankt, bekommen solchen Geräten nicht gut. Ebenso wenig ratsam sind Standorte, die tagsüber zumindest teilweise direkter Sonne ausgesetzt sind. Am besten stellt man einen Inkubator in ein ungenutztes, gut belüftetes (unbeheiztes) Gästezimmer oder in eine aus Ziegelsteinen bestehende, beschattete Garage.

## BEDIENUNGSANLEITUNG LESEN

Nur zu oft lesen Hühnerhalter, die darauf brennen, ihren neuen Inkubator endlich in Betrieb zu nehmen, vorher die Bedienungsanleitung nicht richtig durch. Angesichts des heiklen Prozesses – der Entwicklung eines Embryos –, den das Gerät kontrollieren soll, ist es jedoch unabdingbar, dass man sich die Zeit zu einer gründlichen Lektüre nimmt. Denn nur durch entsprechendes Basiswissen lassen sich beim Ausbrüten von Eiern akzeptable Resultate erzielen.

*Zwar können elektronisch geregelte Inkubatoren relativ gut für gleichbleibend ideale Konditionen zur Embryoentwicklung sorgen, aber Wunder bewirken können sie nicht – Bedienungsfehler, vor allem durch unerfahrene Züchter, kommen daher immer wieder vor.*

# 75 Auf dem Bauch des Kükens befindet sich eine rötlich-gelbe Masse

## DAS PROBLEM

**Meist handelt es sich hierbei um einen nicht eingezogenen Dottersack, es kann aber auch auf eine Infektion des Dottersacks hindeuten.**

## DIE LÖSUNG

Naht der Schlupfzeitpunkt, wird der Dotter eines Eis über den Nabel des Kükens eingezogen und dient ihm als Nahrungsreserve nach dem Schlupf, bis sich das Küken erholt hat und selbst fressen kann. Problematisch wird es, wenn der Dottersack nicht vollständig eingezogen wird, bevor sich der Nabel schließt. Das verbleibende Anhängsel ist Anzeichen für eine Unterentwicklung des Kükens, das sich beim Schlupf infizieren und sterben kann. Als Ursache kommen ein falscher Umgang mit dem Inkubator infrage sowie die Auswahl von Eiern älterer Hennen, deren Dotter zu groß waren, um eingezogen zu werden.

Auch Dottersackinfektionen – meist ausgelöst von Bakterien, die in den Dotter gelangt sind, ehe er eingezogen wurde – können in diesem Stadium zu ernsten Problemen führen. Über Verunreinigungen durch Schmutz und/oder Kot sowie durch unzureichendes Säubern der Eier vor der Brut können *E. coli*-Bakterien einen Weg auf (und durch) die poröse Schale finden. Oder aber ein infiziertes, aber unfruchtbares Ei im Brutschrank platzt und kontaminiert die anderen Eier. Daher sollten unbefruchtete Eier so früh wie möglich aus dem Inkubator entfernt werden.

Keime können auch nach dem Schlupf durch den Nabel eines Kükens eindringen. Infizierte Küken leben zwar noch einige Tage, sind aber meist klein und schwächlich. Eine gute Hygiene ist die beste Abwehrmaßnahme: Inkubatoren sollten peinlich sauber gehalten und desinfiziert werden.

# 76 Ein Küken ist in der Schale gestorben

## DAS PROBLEM

**Dieses Phänomen kann viele Ursachen haben.**

## DIE LÖSUNG

Dass Küken kurz vor dem Schlupf sterben, kann viele Ursachen haben, u. a. die Verwendung überalterter Bruteier, Temperatur- und Feuchtigkeitsschwankungen im Inkubator, unsensibler Umgang mit Bruteiern vor der Brut, Mineralstoff- und Vitaminmangel, kranke oder falsch gefütterte Elterntiere, unzureichendes Drehen der Eier während der Brut, ein mit Bakterien verseuchter Inkubator oder ein genetischer Defekt (z. B. ein »Todes-Gen«).

Ein Inkubator ist leider nicht nur eine ideale Brutstätte (warm und feucht) für Küken, sondern auch für Bakterien. Deshalb ist Sauberkeit äußerst wichtig, und selbst neue Geräte sollten vorab sorgfältig mit einem guten Desinfektionsmittel gereinigt werden (der Hersteller kann auf Anfrage geeignete Mittel nennen). Auch nach dem Schlupf ist eine gründliche Reinigung des Gerätes vonnöten.

Einige der einfacheren Inkubatoren haben bereits vorprogrammierte Temperatur- und Feuchtigkeitseinstellungen, die jedoch besser noch einmal kontrolliert werden. Unterziehen Sie dazu das Gerät einem 24-stündigen Probelauf. Während dieser Zeit sollte regelmäßig mit einem Thermometer die Temperatur überprüft werden (sie sollte konstant bei 37,8 °C liegen). Die Feuchtigkeit zu kontrollieren ist meist schwieriger, außer der Inkubator verfügt über einen eingebauten Feuchtigkeitsmesser – falls nicht, sollten Sie sich ein Hygrometer zulegen. Zu Beginn des Brutvorgangs muss die Feuchtigkeit bei 40 bis 50 Prozent liegen, eventuell erfordert dies noch eine Zugabe von Wasser ins Gerät, viel hängt aber auch von der Jahreszeit ab. Der Bedienungsanleitung des Gerätes können Sie alle notwendigen modellspezifischen Informationen entnehmen.

# 77 Aus den »Internet-Eiern« schlüpft kein Küken

## DAS PROBLEM

**Wenn Sie Eier über das Internet kaufen, gehen Sie gleich ein doppeltes Risiko ein: Erstens kann die Qualität der Eier nicht so gut sein wie angegeben, und selbst wenn, können sie beim Transport beschädigt werden.**

## DIE LÖSUNG

Bruteier »blind« im Internet zu kaufen ist ein riskantes Geschäft, denn nur zu leicht lässt man sich von gut klingenden Angeboten verführen. Doch kann einen das Ganze teuer zu stehen kommen, wenn nämlich aus keinem der vermeintlichen Schnäppchen-Eier ein Küken schlüpft, man aber bereits viel Zeit und Geld investiert hat. Deshalb kauft man seine Eier besser persönlich bei einem renommierten Züchter in der Nähe. Will man nicht auf Bruteier aus dem Internet verzichten, sollte man gründlich recherchieren, um einen Verkäufer mit gutem Ruf zu finden.

Doch auch wenn die angebotenen Eier in Ordnung sind, kann der Versand zum Problem werden. Häufig gehen die Zusteller nicht sonderlich sorgsam mit Paketen um, selbst wenn darauf »Zerbrechlich« steht, sodass die Verpackung erstklassig sein muss, damit die Eier den Transport unbeschadet überstehen. Bietet der Verkäufer eine Verpackung der Eier in speziellen Styroportabletts an, die sie vor Kälte und Beschädigung schützen, haben Sie vermutlich eine gute Wahl getroffen. Doch auch wenn die Verpackung stimmt, schaffen es manche Zusteller, die Kartons so durchzuschütteln, dass kaum ein Ei überlebt und die Schlupfrate enttäuschend gering ausfällt. Am besten lässt man die Eier nach der Lieferung einen Tag ruhen und untersucht sie dann sorgfältig auf Beschädigungen der Schale. Mit einer Schierlampe lässt sich der Zustand der Luftblase prüfen, die sich am stumpfen Ende des Eis befindet. Sie sollte gut erkennbar und intakt sein. Ist sie zerrissen oder voller Bläschen, dann wurde das Ei zu heftig geschüttelt und eignet sich nicht mehr zur Brut.

*Lässt man sich Bruteier per Post liefern, geht man immer ein unkalkulierbares Risiko ein.*

## LIEBER PERSÖNLICH ABHOLEN

Verlassen Sie sich nicht darauf, dass ein Kurier Ihre Bruteier bei der Auslieferung sorgsam behandelt – nehmen Sie sich lieber die Zeit, sie persönlich bei einem Züchter zu kaufen! Dann wissen Sie nicht nur genau Bescheid, wie die Eier vorher behandelt wurden, sondern erhalten sogar einige wertvolle Informationen gratis!

# 78 Die Küken schlüpfen nicht termingerecht

## DAS PROBLEM

**Hühnerküken sollten nach 21 Tagen schlüpfen – danach kann man praktisch die Uhr stellen, vorausgesetzt, alles ist in Ordnung. Schlüpfen Küken später, liegt das Problem entweder bei ihnen selbst oder es liegen Brutfehler vor.**

## DIE LÖSUNG

Am häufigsten sind für einen späten Schlupf die Verwendung überalterter Bruteier oder eine durchgängig zu niedrige Temperatur im Inkubator, die schlicht den Entwicklungprozess verlangsamt, verantwortlich. Küken von Hybridhühnern schlüpfen im Allgemeinen früher als die reinrassiger Hühner, und auch bei diesen manche früher als andere.

Ob der Brutvorgang erfolgreich verläuft, hängt unmittelbar von der Qualität der Bruteier ab. Sind diese zu alt, beschädigt, wurden sie nicht sorgsam behandelt oder entsprechen sie in anderer Hinsicht nicht dem Standard, dann sinken die Chancen auf den Schlupf eines gesunden Kükens nach drei Wochen Brutdauer drastisch. Die naheliegendste Lösung – nur Eier zu verwenden, die so »perfekt« wie möglich sind – wird jedoch von vielen Hühnerhaltern oft ignoriert, sodass sie später von der niedrigen Schlupfrate enttäuscht sind. Natürlich können auch hier »mildernde Umstände« vorliegen: Stehen beispielsweise nur wenige Bruteier zur Verfügung, muss der Züchter eben mit denen vorliebnehmen, die er hat.

Lässt man Eier länger als die üblichen 21 Tage im Inkubator, mögen vielleicht ein paar Küken mehr schlüpfen, doch dürften diese kaum lebenstüchtig sein. Als Faustregel gilt, dass das erste geschlüpfte Küken auch das stärkste ist. Selbst verspätet, aber normal geschlüpfte Küken geben keinen Anlass zur Sorge – anders als jene, deren Schlupf rechtzeitig begonnen, sich aber zu lange hingezogen hat.

*Jede Abweichung von der Norm hinsichtlich Schale oder Form disqualifiziert ein Ei von vorneherein als Brutei.*

## 9. KAPITEL
# DIE AUFZUCHT

Hühnerhalter sollten nie unterschätzen, welche Bedeutung das Kükenstadium hat. Nach der ganzen Aufregung rund um den Schlupf neigen manche dazu, in ihrer Aufmerksamkeit erst einmal etwas nachzulassen. Doch genau dies ist der Zeitpunkt, an dem man beginnen sollte, seine Tiere genau zu beobachten. Die Zeit, die man mit der Beobachtung seiner Vögel – egal welchen Alters – verbringt, ist nie vertane Zeit, denn allein durch die Beobachtung ihres Verhaltens erfährt man sehr viel über ihre Entwicklung. Deshalb ist es wichtig, seinen Hühnern schon in dieser frühen Wachstumsphase viel Zeit zu widmen. Nebenbei kann man so bereits früh etwaige Probleme erkennen und diese rechtzeitig angehen.

Küken sind in ihren ersten Lebenswochen sehr verletzlich, deshalb benötigen sie ein geschütztes, sauberes und angenehmes Heim, in dem sie wachsen und gedeihen können. Hierbei ist die Wärmequelle von großer Wichtigkeit, denn genau wie bei der Brut spielt auch bei der Kükenaufzucht die Temperatur eine entscheidende Rolle. Zudem sollte man den Brutraum so sicher wie möglich gestalten, um potenziellen Gefahren wie Ersticken oder Ertrinken vorzubeugen. Auch gibt es Gesundheitsprobleme und Krankheiten wie die Mareksche Krankheit oder Spreizbeine, von denen vor allem Küken betroffen sind. Wie immer ist hier das A und O, die Zeichen zu erkennen und rasch Gegenmaßnahmen zu treffen.

# 79 Die Küken wollen nicht fressen

## DAS PROBLEM

**Die meisten Küken stürzen sich, sobald sie dazu in der Lage sind, sofort auf ihr Futter. Bei jenen, die es nicht tun, kann dies verschiedene Ursachen haben wie Brutfehler, falsche Beleuchtung oder Elterntiere von minderer Qualität.**

## DIE LÖSUNG

Küken bekommen für den Start ins Leben einen eigenen Nahrungsvorrat (den kurz vor dem Schlupf in den Körper eingezogenen Dottersack des Eis) mit, der ein bis zwei Tage vorhält, bis das Kleine stark genug ist, um selbst fressen zu können. Problematisch wird es, wenn sich ein Küken weigert, zu fressen und zu trinken. Solche Jungtiere fallen in ihrer Entwicklung sehr schnell hinter diejenigen mit normalem Essverhalten zurück, deshalb muss man sie rasch zum Fressen bewegen, wenn man sie retten will. Liegt eine körperliche Ursache vor, z. B. eine während der Embryonalentwicklung verursachte Schädigung oder ein von den Elterntieren vererbtes Problem, sind die Aussichten auf Besserung eher schlecht.

Einige traditionelle Züchter vertreten die Ansicht, dass Küken aus der Kunstbrut gegenüber Küken aus natürlicher Brut im Nachteil seien, da ihnen die Mutter als Vorbild fehlt. Eine kleine Demonstration, wie man nach Futter pickt, kann schon reichen, um ein zögerliches Küken zum Selberpicken zu bewegen. Ein guter Trick ist es, Kükenfutter auf eine Pappe zu bröseln, sodass in Hörweite des Kükens ein trippelndes Geräusch entsteht, das es zum Picken anregt. Imitiert man ein fressendes Huhn, indem man mit dem Finger eine Pickbewegung auf Pappe imitiert, kann das dabei entstehende Klopfgeräusch ebenfalls als Auslöser dienen, um Küken zum Selberpicken zu bewegen.

## EIER FÜR KÜKEN?

Manche Halter verfüttern an ihre frisch geschlüpften Küken fein gehacktes gekochtes Ei und Schnittlauch, was die Kleinen recht schmackhaft finden. Zudem stellt diese vitamin- und mineralstoffreiche Kost eine sehr nahrhafte Hinführung zur selbstständigen Ernährung dar.

*Die meisten Küken beginnen ganz von alleine zu fressen und zu trinken, manche jedoch nicht. Durch genaues Beobachten lässt sich feststellen, ob sich alle altersgerecht verhalten.*

# 80 Welches Kükenheim soll ich mir zulegen?

## DAS PROBLEM

**Kükenheime gibt es in zahllosen Varianten – von ganz billigen bis hin zu relativ teuren –, sodass man die Qual der Wahl hat. Die Entscheidung fällt leichter, wenn man sich vorab mit den Grundlagen der Kükenaufzucht vertraut macht.**

## DIE LÖSUNG

Sie benötigen einen gut belüfteten Behälter angemessener Größe, in denen die Küken sicher aufgehoben sind. Es gibt zwar keine Vorgaben für die Größe eines Kükenheims im Verhältnis zur Kükenzahl, aber mit ein wenig gesundem Menschenverstand lässt sich ein zu hoher Besatz sicherlich vermeiden. Es sollte jedenfalls genug Platz bieten, dass sich alle Küken frei bewegen und leicht an Futter und Wasser gelangen können. Aus einem stabilen Pappkarton lässt sich ein prima Kükenheim zaubern, wer handwerkliches Geschick besitzt, kann auch eines aus Holz zimmern. Natürlich gibt es auch fertige Aufzuchtboxen zu kaufen, und größere Inkubatoren sind ebenfalls bis zu einem gewissen Grad geeignet, zumindest für die ersten Tage. Für frisch geschlüpfte Küken verwenden viele Züchter oben offene Kisten, die mit Drahtgeflecht abgedeckt sind, damit ungebetene Gäste nicht hinein- und Küken nicht herauskönnen – letztere sterben sonst rasch an Unterkühlung.

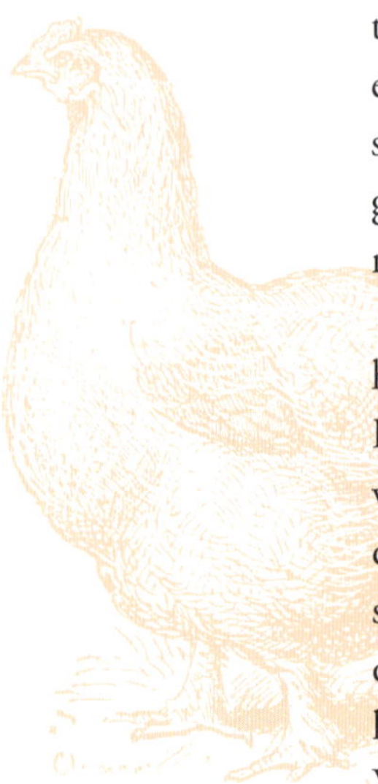

Ganz wichtig ist auch die richtige Temperatur und diese konstant zu halten (am Anfang muss sie genauso hoch sein wie zuvor im Inkubator). Dazu wird meist eine Wärmequelle in Form einer elektrischen Heizung verwendet. Beliebt sind Infrarotstrahler, auch wenn manche bemängeln, dass das Rotlicht die Küken übermäßig stimuliere. Es gibt auch Dunkelstrahler mit Keramikkörper in Pilzform – das sind reine Wärmelampen, die kein Licht abgeben. Installiert man dazu noch eine separate Weißlichtlampe, kann man im Kükenheim Tag und Nacht simulieren, was für Wachstum und Entwicklung von Küken als vorteilhaft erachtet wird.

*Zur Aufzucht benötigt man einen ausreichend großen, mit Futter und Wasser ausgestatteten Behälter, in dem die Küken warm und sicher aufgehoben sind.*

## EINE »ELEKTRISCHE MUTTER«

Man kann sich auch eine sogenannte elektrische Glucke zulegen – eine elektrische Wärmeplatte mit verstellbaren Beinen, die sich nur wenige Zentimeter über dem Boden befindet. Sie soll die Anwesenheit einer Glucke simulieren, unter deren wärmendes Gefieder sich die Küken kuscheln können, wenn sie das Bedürfnis nach Wärme verspüren.

# 81 Meine Küken haben eine verklebte Kloake

## DAS PROBLEM

**Dies ist meist darauf zurückzuführen, dass entweder die Temperatur im Kükenheim zu niedrig ist, dass es den Kleinen beim Umsetzen ins Kükenheim zu kalt war, oder dass sie zu nährstoffreiches bzw. ungeeignetes Futter bekommen haben.**

## DIE LÖSUNG

In diesem Entwicklungsstadium kommt es bei Küken häufig zu einer Verklebung der Kloake mit getrockneten Exkrementen – manchmal ist diese sogar buchstäblich zugeklebt, sodass sie sorgfältig gesäubert werden muss. Haben Sie alle möglichen Ursachen ausgeschlossen oder beseitigt und das Problem bleibt dennoch bestehen, sollten Sie den Tierarzt kontaktieren.

Ein Kükenheim sollte penibel sauber und trocken gehalten werden. Feuchte und verschmutzte Behältnisse sind der ideale Nährboden für eine der größten Gefahrenquellen für Küken, die Kokzidiose, zu deren Symptomen auch Durchfall zählt. Heute sind glücklicherweise effiziente und zugelassene Antikokzidia (kokzidienwirksame Medikamente) erhältlich. Auch frisches Trinkwasser und Futter in für die Küken leicht zugänglichen (und häufig gereinigten) Behältern sollten zur Verfügung gestellt werden. Ein weiterer wichtiger Faktor ist der Standort – ein Kükenheim sollte nie direkt in der Sonne stehen, um Temperaturschwankungen zu vermeiden. Am geeignetsten ist ein gut belüfteter (aber nicht zugiger) Platz mit einer relativ gleichbleibenden Umgebungstemperatur von 12–18 °C.

Zu guter Letzt sollten Sie prüfen, ob Ihr neues Kükenheim auch tadellos funktioniert, und dazu bedarf es eines Testlaufs. Lassen Sie dazu Wärmegeräte und -lampen ein bis zwei Tage eingeschaltet, und messen Sie regelmäßig direkt über dem Boden die Temperatur. Die Wärmequelle sollte unabhängig von der Tageszeit und den Wetterverhältnissen draußen immer für eine gleichbleibende Temperatur sorgen.

*Bei der Aufzucht von Küken ist genaues Beobachten sehr wichtig. Achten Sie auf das Verhalten der Tiere sowie Probleme wie »verschmutzte Hinterteile«, die ein Hinweis auf unzureichende Hygiene im Kükenheim sein können.*

# 82 Die Küken kuscheln sich alle unter die Wärmequelle

## DAS PROBLEM

**Sitzen alle Küken dicht gedrängt unter der Wärmequelle, ist das ein Zeichen dafür, dass sie frieren.**

## DIE LÖSUNG

Alle Küken brauchen nach dem Schlupf zum Überleben eine regulierbare Wärmequelle. Zum Glück ist es ganz einfach festzustellen, ob die Küken sich in ihrem Heim wohlfühlen: Man muss nur schauen, wo sie sich darin aufhalten. Gönnen Sie ihnen nach dem Umsetzen vom Inkubator eine Stunde Regenerationszeit, und beobachten Sie dann die Kleinen. Drängen sie sich alle direkt unter der Wärmequelle zusammen, ist ihnen eindeutig zu kalt – dann sollten Sie die Temperatur überprüfen und entsprechend erhöhen. Befinden sich umgekehrt alle am äußeren Rand des Behälters, weg von der Wärmequelle, ist es ihnen zu warm. Bei der richtigen Temperatur verteilen sich die Küken über den gesamten Raum, laufen hin und her und wirken aufgeweckt.

Nach einiger Zeit, sobald sich bei den Küken die ersten richtigen Federn ausbilden, wird die Temperatur dann allmählich abgesenkt. Zu Beginn sollte sie bei 37,5 °C liegen und damit genauso hoch sein wie im Inkubator, um einen Kälteschock zu vermeiden. Man misst die Temperatur am besten direkt über dem Boden, damit man weiß, wie warm es genau dort ist, wo die Kleinen sich aufhalten. Sie sollte die ersten paar Tage konstant gehalten werden und wird dann über einen Zeitraum von drei bis vier Wochen jede Woche um etwa 3–5 °C abgesenkt, bis sie bei ca. 18 °C liegt. Bis dahin sollten die Küken ein richtiges Federkleid besitzen, sodass man die Wärmequelle ganz entfernen kann.

*Wenn sich die Küken direkt unter der Wärmelampe zusammendrängen wie hier, frieren sie meist.*

## REGULIERBARE WÄRMEQUELLE

Am einfachsten lässt sich die Temperatur absenken, indem man die Wärmequelle an einer Kette befestigt und diese dann nach und nach höher hängt, wozu man vielleicht ein wenig herumexperimentieren muss, um die richtigen Höhen zu finden. Und natürlich sollte man das tun, bevor die Küken einziehen, damit sie nicht als Versuchskaninchen herhalten müssen.

# 83 Einige Küken sind in der Kükenbox gestorben

## DAS PROBLEM

**Es ist immer sehr schmerzlich, wenn Küken sterben, vor allem wenn dies vermeidbar gewesen wäre. Hauptursache ist hier meist ein zu hoher Besatz, sodass einzelne Tiere in die Ecken gedrängt werden und ersticken.**

## DIE LÖSUNG

In einem Kükenheim sollte genug Platz sein, damit sich die Kleinen frei bewegen, fressen, trinken, sich aufwärmen oder abkühlen können, je nachdem, welche Bedürfnisse sie haben. Teilen sich zu viele Tiere eine Box, besteht immer die Gefahr, dass einige ersticken – eine der häufigsten Todesursachen in Kükenheimen. Küken drängen sich gerne in Ecken zusammen, doch wenn dies zu viele auf einmal tun, werden die armen Wesen direkt an der Wand oft zerquetscht oder ersticken. Das Risiko lässt sich mittels einer einfachen, aber effektiven Methode etwas verringern, nämlich durch Abrunden der Boxecken durch Pappstreifen.

Die goldene Regel, auf einen ausgewogenen Besatz zu achten, ist eine, der Sie im Laufe Ihrer Karriere als Hühnerhalter immer wieder begegnen werden. Das Problem besteht darin, dass es für die Hobby-Hühnerhaltung keine verbindlichen Richtlinien über das Verhältnis Bodenfläche/Anzahl Küken in Aufzuchtboxen gibt – also bleiben dem Halter in diesem wichtigen Stadium nur der gesunde Menschenverstand und eine genaue Beobachtung der Tiere. Überbelegung und falsche Temperaturen führen häufig zu Problemen. Frieren Küken, drängen sie sich instinktiv aneinander, was bei kleineren und schwächeren zu Verletzungen führen kann. Eine zu heiße Wärmequelle hingegen treibt sie auseinander, was wiederum die Gefahr birgt – sollte nicht genug Platz zum Ausweichen vorhanden sein –, dass sie sich an den Rändern zusammendrängen, wobei Tiere verletzt werden oder sogar ersticken können.

## BASICS FÜRS KÜKENHEIM

Zu hoher Besatz ist immer problematisch: Eng zusammengepferchte Küken neigen dazu, aus Langeweile aufeinander einzuhacken; die Einstreu wird zu schnell durch Exkremente verunreinigt, wodurch der Ammoniakgehalt steigt, was wiederum die Gefahr ernsthafter Atmenwegs- und Augenerkrankungen erhöht; und schließlich ist feuchte und verschmutzte Einstreu ein Tummelplatz für die Erreger einer für Küken tödlichen Krankheit namens Kokzidiose.

*Ecken mit Pappe abzurunden ist eine einfache, aber effektive Methode, um zu verhindern, dass Küken dort hineingedrängt werden und ersticken.*

# 84 Ich habe ein ertrunkenes Küken gefunden

## DAS PROBLEM

**Frisch geschlüpfte Küken sind noch sehr unsicher auf ihren Beinchen. Ist die Tränke zu groß und zu tief, können sie leicht hineinfallen und ertrinken.**

## DIE LÖSUNG

Frisch geschlüpfte Küken müssen weniger fressen als trinken, deshalb ist es wichtig, sie reichlich mit leicht zugänglichem Wasser zu versorgen. Genauso wichtig ist jedoch, darauf zu achten, dass die Tränke nicht zu tief ist und dadurch zu einer Gefahr für sie wird. Küken sind noch sehr unsicher auf den Beinen, und werden sie versehentlich in die Tränke gestoßen, können sie darin ertrinken.

Auf der sicheren Seite ist man, wenn man eine spezielle Kükentränke – die Miniversion einer Stülptränke für Hühner – anschafft. Bei diesen befindet sich das Wasser in einem flachen, schmalen Ring an der Basis und fließt bei Bedarf immer wieder nach. Verwenden Sie statt einer solchen Kükentränke einen anderen Behälter wie einen Teller oder eine Schale, dann sollte das Wasser darin nicht zu tief sein. Hier kann man vorbeugen, indem man saubere Murmeln oder kleine Steinchen hineinlegt – dies sorgt für einen erhöhten Boden, gleichzeitig ist genug Wasser da. Allerdings muss man bei dieser Variante immer daran denken, rechtzeitig nachzufüllen, denn bei zu niedrigem Wasserstand können die Vögel sonst nicht mehr trinken.

Um den Küken etwas Bewegung zu verschaffen und dadurch für eine gesunde Muskelentwicklung zu sorgen, empfehlen einige Züchter, das Futter auf die eine und das Wasser auf die andere Seite der Kükenbox zu stellen.

*Frisch geschlüpfte Küken benötigen Wasser dringender als Futter. Wichtig ist daher, dass sie mit sauberem Wasser in einer sicheren Tränke versorgt werden.*

# 85 Einige Küken haben Spreizbeine

## DAS PROBLEM

**Spreizbeine findet man bei frisch geschlüpften Küken häufiger, doch meist lässt sich dieses Problem beheben.**

## DIE LÖSUNG

Spreizbeine sind bei sehr jungen Küken nichts Ungewöhnliches, wobei man sich über deren Entstehung noch nicht ganz im Klaren ist. Einer Theorie zufolge treten sie häufiger bei Küken auf, in deren Inkubator die Luftfeuchtigkeit falsch eingestellt war. Laut einer anderen ist die Wahrscheinlichkeit bei Küken höher, die nach dem Schlupf länger als die empfohlenen 24 Stunden zum Trocknen im Inkubator belassen wurden. Auch soll die Beschaffenheit des Inkubatorbodens eine wichtige Rolle spielen – ist er zu glatt, rutschen die Küken leicht aus und verrenken sich dabei schnell ein oder beide Beinchen. Aufgrund ihrer noch schwachen Muskeln und biegsamen Knochen passiert dies bei frisch geschlüpften Küken besonders häufig, daher legen viele Züchter die Inkubator-Platten oft mit Wellpappe aus.

Die gute Nachricht ist, dass Spreizbeine mit etwas Geschick und Geduld behoben werden können. Dazu dreht man die Beinchen vorsichtig in ihre normale Position und bindet sie dann locker mit einem Band zusammen, damit sie nicht wieder wegrutschen. Nach ein oder zwei Tagen mit dieser »Bandage« hat das Küken meist genug Muskelkraft entwickelt, um nach Entfernen des Bandes normal gehen zu können.

Neben Spreizbeinen gibt es aber auch andere körperliche Probleme, die bei jungen Küken auftreten können. Idealer Zeitpunkt für eine kurze Inspektion der einzelnen Tiere ist der Moment, in dem Sie sie vom Inkubator zum Kükenheim tragen. Achten Sie auf verkrümmte Zehen, Kreuzschnäbel und fehlende Zehennägel. Sobald die Kleinen im Kükenheim sind, sollten Sie nach Tieren Ausschau halten, die nicht das übliche Verhalten und die Neugier der anderen an den Tag legen.

## AUSWAHL FÜR DIE ZUCHT

Wer die Kunstbrut zur Erhaltungszucht einer Rasse nutzt, sollte nur die stärksten und gesündesten Küken zur Weiterzucht auswählen, um den Rassestandard zu erhalten und langfristig auch die Qualität seiner eigenen Hühnerschar zu sichern.

*Beim Transport vom Inkubator zum Kükenheim bietet sich die Gelegenheit, die Küken rasch auf verkrümmte Zehen, Kreuzschnäbel und fehlende Zehennägel hin zu untersuchen.*

# 86 Kleine Küken werden von den größeren gepickt

## DAS PROBLEM

**Größenunterschiede findet man häufig bei der gemeinsamen Unterbringung von Tieren verschiedener Rassen oder unterschiedlichen Alters. Das Wachstum kann aber auch durch Fressgewohnheiten und gesundheitliche Probleme beeinflusst werden.**

## DIE LÖSUNG

Wie für viele andere Bereiche der Hühnerhaltung gilt auch für Brut und Aufzucht: je besser die Organisation, desto besser die Resultate. Und gerade hier ist ein methodischer Ansatz besonders wichtig. Das heißt, bei Brut und Aufzucht insbesondere auf eine einheitliche Zusammensetzung zu achten – im Idealfall stammen also alle Bruteier im Inkubator von derselben Rasse und sind etwa gleich alt.

Ähnliches sollte auch für die Zusammensetzung der Kükenschar gelten, die vom Inkubator in das Kükenheim gebracht wird. Bevölkert man dieses mit einer bunten Mischung von Küken unterschiedlichen Alters, fordert man Ärger geradezu heraus. Selbst in diesem zarten Alter sind sich die Junghühner ihrer Unterschiede nämlich wohl bewusst, und so ist es wahrscheinlich, dass einzelne Tiere, die aufgrund ihrer Größe (oder anderer Merkmale) aus der Masse hervorstechen, Probleme förmlich anziehen. Das Gleiche gilt auch für eine gemischte Herde aus Bantams und Hühnern großer Rassen. Im Allgemeinen gehen die größeren Tiere auf die kleineren, schwächeren los, meist mittels Feder- und Zehenpicken. Schreitet man nicht rechtzeitig ein, kann solch aggressives Verhalten schnell eskalieren und zu Kannibalismus führen.

*Ein Kükenheim sollte nur mit Tieren gleicher Größe und gleichen Alters bestückt werden.*

# 87 Die Befiederung meiner Küken geht zu langsam

## DAS PROBLEM

**Eine langsame Befiederung ist eines der Probleme, die auf Aufzuchtfehler – vor allem schwankende Temperaturen – zurückzuführen sind.**

## DIE LÖSUNG

Ein Fehler, den viele unerfahrene Hühnerhalter bei der Aufzucht junger Küken begehen, ist eine zu hohe Temperatur im Kükenheim, nach dem Motto: Die Kleinen sollen es lieber zu warm als zu kalt haben. In Wirklichkeit jedoch kann zu viel Wärme äußerst schädlich sein, was sich u. a. in schlechtem Federwachstum und/oder Federpicken, verringertem Appetit und langsamerem Wachstum äußert. Damit sich Küken und ihr Federkleid normal entwickeln können, ist es notwendig, exakt die richtige Temperatur einzustellen. Unter natürlichen Bedingungen würden die Küken dies selbst steuern, indem sie sich von der Henne entfernen und herumlaufen, bis ihnen zu kühl würde, um dann unter die wärmenden Federn ihrer Mutter zu schlüpfen. Wer Küken selbst, also ohne Glucke aufzieht, der trägt auch die alleinige Verantwortung dafür, dass die Kleinen mit lebenswichtiger Wärme versorgt werden.

Die Temperatur im Kükenheim sollte anfangs, wenn die Küken nach dem Schlupf dorthin gebracht werden, mit der des Inkubators übereinstimmen und wird erst später, angepasst an die Entwicklung der Küken, schrittweise abgesenkt. Ist es zu warm, werden Wachstum und die allgemeine Entwicklung gehemmt; ist es umgekehrt zu kalt, hat dies noch schlimmere Folgen, denn dann kühlen die Küken aus, was oft zu einer hohen Sterberate führt. Auch sollte man berücksichtigen, dass plötzliche Temperaturschwankungen bei jungen Küken die Entwicklung von Krankheiten begünstigen können.

# 88 Meine Küken sind plötzlich krank geworden

## DAS PROBLEM

**Frisch geschlüpfte Küken sind sehr anfällig und werden schnell krank, wenn die Ausstattung des Kükenheims und die Haltungsbedingungen nicht optimal sind.**

## DIE LÖSUNG

Die Küken gesund zu halten dürfte nicht schwierig sein, vorausgesetzt, man hält das Kükenheim sauber, agiert mit gesundem Menschenverstand und kann einschätzen, wo die größten Gesundheitsgefahren lauern.

Eine Nabelinfektion (Dottersackentzündung) wird durch Bakterien verursacht und kommt bei frisch geschlüpften Küken relativ häufig vor. Meist führt sie zum Tod. Sie tritt bei Küken in den ersten beiden Lebenswochen auf, wobei die Sterberate innerhalb der ersten 72 Stunden nach dem Schlupf am höchsten ist. Erkrankte Tiere wirken matt und apathisch, schwanken beim Gehen und haben ein unordentliches Gefieder. Viele sterben, weil sie zu schwach sind, um mit den gesunden Küken um Futter und Wärme zu konkurrieren. Ursache sind in der Regel verunreinigte Bruteierschalen oder ein kontaminierter Inkubator. Die Bakterien dringen entweder über die Schale in das Ei ein oder, bei bereits geschlüpften Küken, über den Nabel. Ein Tier kann sich bei mangelnder Hygiene im Kükenstall aber auch oral infizieren.

Die Infektion lässt sich mit verschreibungspflichtigen Medikamenten bekämpfen, wenn auch nur mit mäßigem Erfolg. Bei etwa vier Wochen alten Küken kann auch eine Rachitis, von der einige schwere Rassen etwas häufiger betroffen sind, auftreten. Sie ist auf Vitamin-D- und Kalziummangel zurückzuführen, der zu Gelenkverformungen und Lähmungserscheinungen führen kann; manchmal ist der Vogel nicht einmal mehr in der Lage zu gehen. Eine Behandlung ist einfach und besteht in der Gabe von Nahrungsergänzungsmitteln und einer Ernährungsumstellung.

# 89 Meine Hühner wirken bedrückt

## DAS PROBLEM

**Plötzliche Veränderungen setzen Hühner jeden Alters enorm unter Stress, sodass es kein Wunder ist, wenn sie nach einem – vor allem schlecht vorbereiteten – Umzug deprimiert wirken.**

## DIE LÖSUNG

Im Alter von etwa sechs oder sieben Wochen besitzen die Küken in der Regel ein voll entwickeltes Federkleid, sodass sie keine Wärmequelle mehr benötigen und in einen größeren, unbeheizten Stall umziehen können. Im Idealfall hat dieser noch einen überdachten Auslauf, sodass die Tiere rauskönnen, aber vor den Elementen geschützt sind. Wichtig ist allerdings, dass man ihnen in der neuen Umgebung viel Zeit zum Eingewöhnen lässt, damit sie ohne stressbedingte Unterbrechung weiter wachsen und gedeihen können.

Wie im Kükenheim sollten auch hier immer ausreichend Futter und Wasser zur Verfügung stehen. Die Vögel dürften nun auch alt genug für Junghennen-Pelletfutter sein – dies führt man ein, indem man dem Kükenstarter über drei oder vier Tage hinweg immer mehr Pellets beimischt. Sägespäne als Einstreu können weiterhin verwendet werden. Auch das Wetter spielt eine wichtige Rolle. Angenommen, die Jungvögel sind im Frühjahr in einen Stall umgezogen, dann sollte man sie in den ersten Wochen immer nur eine begrenzte Zeit in den Auslauf lassen. So haben sie auch genug Zeit, sich an das neue Futter zu gewöhnen. Denn neues Futter und den ungewohnten Aufenthalt im Freien gleichzeitig einzuführen würde die Vögel nur unnötig unter Stress setzen. Da sie immer noch krankheitsanfällig sind, sollte man sie zudem von anderen Hühnern – falls Sie welche haben – getrennt halten und den Auslauf etwas entfernt auf kurzes Gras stellen.

## DARAUF ACHTEN, WAS SIE FRESSEN

Achten Sie darauf, dass Ihre Hühner keine langen Grashalme fressen, da diese oft unverdaulich sind und zu manchmal tödlichen Kropf- oder Kaumagenverstopfungen führen können.

*Jungvögel sollten langsam ans Freie gewöhnt werden, auch wenn man sich noch so sehr darauf freut, sie in der Sonne picken und scharren zu sehen. Veränderungen jeder Art mögen Hühner nicht und sollten daher nie zu schnell erfolgen.*

# 90 Ich kann das Geschlecht nicht bestimmen

## DAS PROBLEM

**Bei den meisten Rassen sind die geschlechtsspezifischen Merkmale wie Federform, Schwanztyp und Kammgröße erst Wochen oder sogar Monate nach dem Schlupf erkennbar.**

## DIE LÖSUNG

Für Züchter kann es teuer werden, wenn sie das Geschlecht eines Huhnes erst spät bestimmen können, denn dies bedeutet, dass sie alle Jungtiere durchfüttern müssen, bis sie alt genug sind, um geschlechtsspezifische Merkmale auszubilden, nach denen die Auswahl erfolgt. Die meisten Züchter halten in der Regel viele Legehennen und nur wenige Hähne, da die unnötige Aufzucht männlicher Hühner für sie zeit- und geldraubend ist.

Das Geschlecht eines Kükens kann nur bei sogenannten kennfarbigen Rassen wie Cambar-Hühnern definitiv bestimmt werden. Das Cambar wurde mittels einer Reihe von Kreuzzüchtungen aus gesperberten Plymouth-Rock-Hühnern und goldfarbenen Campinern erzüchtet, und das Geschlecht seiner Küken ist sofort nach dem Schlupf erkennbar: Weibchen haben einen typischen hellen Fleck am Hinterkopf. In der Folge wurden noch andere kennfarbige Rassen – Legbar, Rhodebar, Dorbar und Welbar – erzüchtet, wobei diese spezifischen Züchtungen so gut wie nie wirtschaftliche Bedeutung erlangten. Eine Variation des Themas erreicht man durch Kreuzen eines »goldfarbenen« Hahnes, z. B. eines Rhode Island Red (Roter Rhodeländer), mit einer »silberfarbigen« Henne (z. B. helle Sussex): Die weiblichen Küken sind goldfarben, die männlichen von einem viel helleren Zitronengelb. Ähnlich gehen aus gesperberten Hähnen und nichtgesperberten Hennen nichtgesperberte weibliche und gesperberte männliche Küken hervor; letztere sind bei Eintagsküken an einem weißen Fleck am Hinterkopf erkennbar. Eine Geschlechtsbestimmung auf Grundlage der Kennfarbe ist jedoch nur bei absolut reinrassigen Eltern zuverlässig durchführbar.

## WEIBLICH ODER MÄNNLICH?

Kreuzt man einen Hahn einer leichten Rasse mit einer Henne einer schweren Rasse, ist bei Eintagsküken das Geschlecht an der Länge der Flügelfedern erkennbar – bei den weiblichen Küken sind sie bereits ausgeprägter.

*Für jemanden, der die Kükenaufzucht im großen Stil betreibt, ist eine Geschlechtsbestimmung direkt nach dem Schlupf von großer wirtschaftlicher Bedeutung.*

## 10. KAPITEL

# AUFFÄLLIGES VERHALTEN

Die Haltung von Hühnern ist zwar keine hochwissenschaftliche Angelegenheit, doch erfordert sie u. a. tägliche Pflegemaßnahmen und ein Auge fürs Detail. In der Regel sind Legehennen zwar relativ pflegeleicht, aber auch sie haben einige Grundbedürfnisse, die erfüllt sein müssen, damit dies so bleibt. Eines der Geheimnisse guten Haltungsmanagements besteht darin, dass man Probleme schon im Vorfeld zu erkennen lernt, um rechtzeitig gegensteuern zu können.

Mit wachsender Erfahrung wird auch ein Anfänger bald die typischen Anzeichen erkennen können, die darauf hindeuten, dass etwas nicht stimmt. Dazu gehört auch, über das normale Verhalten seiner Tiere Bescheid zu wissen. Hühner sind Gewohnheitstiere, und weichen sie von ihrem üblichen Verhalten ab, gibt es dafür einen guten Grund. Wer solche Abweichungen vom Normalverhalten schnell erkennen und mögliche Ursachen identifizieren kann, ist auf dem besten Weg, ein guter Hühnerhalter zu werden.

Ein gewisses Maß an Streit ist in jeder Hühnerschar normal, wenn es um die Festlegung der Hackordnung geht; gehen diese Streitigkeiten jedoch über das Normalmaß hinaus, sollte man einschreiten und die Störenfriede entfernen. Und was soll man tun, wenn eine Henne brütig wird und sich weigert, ihr Legenest zu verlassen? Oder wenn Hühner anfangen, ihre eigenen Eier zu fressen? Solche und weitere Fragen zu unerwünschtem Verhalten werden in diesem Kapitel behandelt.

# 91 Ich kann meine Hühner nicht einfangen

## DAS PROBLEM

**Lassen sich Hühner nicht einfangen, hat das meist zwei Gründe: Entweder ist der Fänger nicht geschickt genug, oder die Vögel sind nicht daran gewöhnt, dass man sie auf den Arm nimmt. Und offensichtlich gibt es da einen Zusammenhang!**

## DIE LÖSUNG

Es ist wichtig für einen Hühnerhalter, dass er seine Tiere fangen, festhalten und untersuchen kann – denn dies sollte er regelmäßig tun, um Gesundheitszustand und Gewicht zu prüfen, sie nach Parasiten abzusuchen u. Ä. Ob es gelingt, hängt natürlich auch vom rassetypischen Temperament der Hühner ab. Vertreter leichter Rassen sind schon von Natur aus nervöser und leichter erregbar als die der eher ruhigeren schweren Rassen und Hybriden. Aber selbst Hybriden können sich schwierig gebärden, wenn sie Körperkontakt mit Menschen nicht gewöhnt sind.

Deshalb sollte man seine Hühner vom ersten Tag an regelmäßig auf den Arm nehmen, um sie an Körperkontakt zu gewöhnen. Und sich eine gute Strategie überlegen, um sie einzufangen. Dazu gehört, sie nicht im Stall herumzuscheuchen, sondern eher ruhig und mit langsamen Bewegungen auf sie zuzugehen. Am einfachsten ist es natürlich, einen friedlich schlafenden Vogel nachts von seiner Sitzstange im Stall zu nehmen. Muss man ein Huhn tagsüber fangen, sollte man es sanft in eine Stallecke treiben, sich ihm langsam nähern und dann schnell mit einer Hand am Rücken festhalten. Anschließend schiebt man die andere Hand unter den Bauch, hebt das Tier hoch und drückt es sanft gegen den Körper. Ein Huhn sollte nicht im Genick, an den Flügeln oder Beinen gepackt werden, da dies rasch zu Verletzungen führt.

## INTERAKTIVITÄT IST GEFRAGT

Je mehr Zeit Sie mit Ihren Hühnern verbringen und je intensiver Sie diese gestalten, desto besser wird Ihr gegenseitiges Verhältnis. Primäres Ziel ist es, Vertrauen aufzubauen, und das geht am besten, wenn man viel Zeit mit ihnen im Stall verbringt. Auch auf den Arm nehmen gehört dazu, denn nur so können Sie Gesundheit und Zustand Ihrer Hühner überprüfen.

*Wer tagsüber ein Huhn fangen will, sollte dies mit langsamen und bedächtigen Bewegungen tun – so bleibt der Stresslevel bei allen Beteiligten niedriger!*

# 92 Mein Junghahn ist zu aggressiv

## DAS PROBLEM

**Angriffslust oder aggressives Verhalten bei jungen Hähnen kann ein typischer Charakterzug der Zuchtlinie sein, ist oft aber auch abhängig von der Jahreszeit.**

## DIE LÖSUNG

Männliche Hühner sind aggressiver als weibliche – und so sollte es auch sein, denn so ist es von der Natur vorgesehen. Wie Sie damit umgehen, hängt in erster Linie von der jeweiligen Situation ab sowie von Ihrer Einstellung zu dem Vogel und dem Grund, warum sie ihn überhaupt halten. Erfahrene Züchter wissen, dass ein gesunder, fruchtbarer Hahn während der Balzzeit ein aggressives Verhalten an den Tag legt. Dieses Auftreten ist also vorhersehbar und wird positiv bewertet, da sich ein solcher Hahn – im Vergleich zu anderen – als besseres Zuchttier qualifiziert.

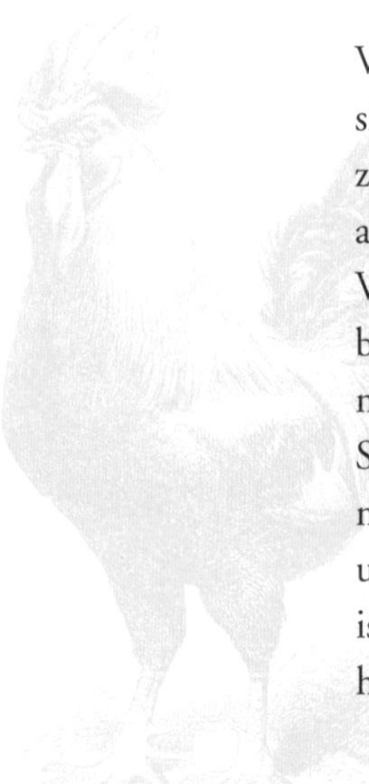

Die Aggressivität äußert sich nur selten in Gewalt gegenüber anderen Vögeln, meist richtet sie sich gegen den Halter oder jeden anderen, der sich in Reichweite von Klauen und Schnabel wagt. Das kann natürlich zu Problemen führen, wenn sich die Hühner oft in der Nähe der Familie aufhalten, vor allem wenn kleine Kinder engen Kontakt mit ihnen haben. Vormals zahme, friedliche Junghähne können sich in angriffslustige, unberechenbare Vögel verwandeln, wenn sie – etwa im Alter von sechs Monaten – geschlechtsreif werden; vergessen Sie das nicht, vor allem wenn Sie Hühner schwerer Rassen halten. Auch Hahnenkämpfe können zu einem ernsten Problem werden, weshalb Züchter genug Platz haben sollten, um Hähnen nach der Geschlechtsreife je ein eigenes Revier zu geben. Es ist kein Vergnügen, einen von Natur aus aggressiven Hahn in der Schar zu haben, der unablässig solch ein unerwünschtes Verhalten an den Tag legt.

*Männliche Küken sind von Natur aus streitlustiger als weibliche – und auch lauter.*

## ANGRIFFSLUSTIGE HÄHNE

Es ist nicht immer von Nachteil, wenn ein Junghahn aggressiv auftritt. Zwar mag der Umgang mit ihm schwieriger sein, doch hat seine Angriffslust auch eine gute Seite, denn sie deutet meist darauf hin, dass er ein guter Zuchtvogel ist: männlich und fruchtbar. Wenn Sie also Ambitionen als Züchter haben, kann ein kampflustiger Hahn ein echter Aktivposten sein.

# 93 Eine Henne wurde von anderen angegriffen

## DAS PROBLEM

**Hühner werden von Blut magisch angezogen – selbst die zahmste Henne kann sich unter bestimmten Umständen in eine rasende Furie verwandeln. Und was noch schlimmer ist: Die Angreifer kennen keine Gnade …**

## DIE LÖSUNG

Die üblichen Streitigkeiten – beispielsweise zur Etablierung der Hackordnung in der Schar – sind nicht weiter schlimm, sondern ganz normaler Bestandteil des Alltags in einem Hühnerstall. Ernst wird es, sobald Blut fließt. Wird ein Vogel so schlimm verletzt, dass er blutet, stürzen sich die anderen Hühner sofort auf ihn, sobald sie das Blut bemerken. Sie geraten in einen wahren Blutrausch, der – wenn man ihm nicht Einhalt gebietet –, schnell eskalieren kann. Deshalb sollten Halter stets wachsam sein und die Vögel jeden Tag auf Verletzungen und/oder blutende Wunden hin untersuchen.

Verletzte Tiere sollten aus dem Stall entfernt und zu ihrer eigenen Sicherheit isoliert werden, bis die Wunden behandelt oder von selbst verheilt sind (je nachdem, wie schwer sie waren). Zu Federpicken kann es auch bei zu wenig Platz im Stall, Langeweile aufgrund fehlender Anreize und falschem Futter kommen. Ist das Futter falsch zusammengesetzt oder enthält es zu wenig Eiweiß, kann dies die Vögel veranlassen, sich die fehlenden Nährstoffe woanders zu holen, z. B. durch Picken an Federn (die zu 80 Prozent aus Eiweiß bestehen) – erst an ausgefallenen, dann an Federn am Körper anderer Hühner. Füttern Sie deshalb immer ein hochwertiges Hühnerfutter und geben Sie, falls nötig, ein geeignetes Nahrungsergänzungsmittel ins Trinkwasser (fragen Sie dazu am besten beim Tierarzt oder im Fachhandel nach). Langeweile lässt sich vertreiben, indem man im Auslauf in Kopfhöhe frisches Gemüse aufhängt oder ein Rasenstück zum Picken und Scharren auslegt.

*Achten Sie besonders auf Vögel, denen Federn fehlen – beim ersten Anzeichen von Blut sollten diese, zu ihrer eigenen Sicherheit, sofort isoliert werden.*

## PRIMITIVES VERHALTEN

Frisch gebackene Hühnerhalter sind häufig überrascht – und oft entsetzt – darüber, wie bösartig sich ihre gefiederten Freunde plötzlich verhalten können. Alles, was kleiner ist als sie, wird als potenzielle Zwischenmahlzeit betrachtet, und wenn sie die Chance haben, zögern sie auch nicht, sich auf ein verletztes Huhn aus ihrer eigenen Schar zu stürzen.

# 94 Federpicken unter den Hennen

## DAS PROBLEM

**Federpicken kann auf schlechte Haltungsbedingungen wie Platzmangel, reizarme Umgebung und mangelnden Auslauf zurückzuführen sein, aber auch – und das ist am schwierigsten abzustellen – schlichtweg Schikane sein.**

## DIE LÖSUNG

Wer etwas gegen Federpicken unternehmen will, muss die Ursachen kennen: Eine wäre ein zu hoher Besatz, der immer vermieden werden sollte, des Weiteren brauchen auch Hühner im Alltag Anregungen. Müssen sie ihr Dasein in zu kleinen Ställen und reizarmen Ausläufen fristen, können sowohl Verhaltens- als auch Gesundheitsstörungen auftreten.

Dann ist Schikane ein Problem, das immer auftreten kann, selbst wenn Hühner unter paradiesischen Bedingungen leben. Einige Vögel sind schlicht aggressiver als andere, und sie werden unweigerlich jene schikanieren, die in der Hackordnung unter ihnen stehen. Diese Art dominanten Verhaltens zeigt sich oft in Schnabelhieben gegen den Kopf, mit denen der Aggressor sein Opfer vom Trinken und Fressen abhält oder es am Betreten des Stalls hindert, wo es Eier legen oder schlafen will. Manchmal löst sich dieses Problem von selbst, wenn die schikanierte Henne lernt, dem anderen Huhn aus dem Weg zu gehen (vorausgesetzt, dazu ist genug Platz). In anderen Fällen jedoch nicht, und verschlimmert sich die Situation noch, dann bleibt einem nichts anderes übrig, als den Aggressor zu entfernen.

Federpicken kann auch auftreten, wenn neue Tiere in die bestehende Schar eingeführt werden, weil dadurch die etablierte Ordnung durcheinandergebracht wird. Am besten setzen Sie Neulinge nachts in den Stall, wenn die Herde bereits in Ruhe schläft, aber eine Garantie dafür, dass dann keine Probleme auftreten, gibt es nicht. Erwart- und tolerierbar sind kleinere Streitigkeiten, bis eine neue Hackordnung festgelegt ist, wichtig ist hier erhöhte Aufmerksamkeit, damit die Situation nicht eskaliert.

*Federpicken kann schnell aus dem Ruder laufen, wenn die Haut des Opfers aufreißt und zu bluten beginnt. Hühnerhalter müssen stets wachsam sein, um einer Eskalation und ihren üblen Folgen – wie hier zu sehen – vorzubeugen.*

# 95 Eine meiner Hennen will ihr Legenest partout nicht verlassen

## DAS PROBLEM

**Am wahrscheinlichsten ist hier, dass sie schlichtweg brütig ist – ein völlig normales, instinktives Verhalten.**

## DIE LÖSUNG

Im Nest sitzen zu bleiben und es nicht verlassen zu wollen sind typische Anzeichen dafür, dass eine Henne brütig ist. Ebenso, dass die Federn aufgeplustert wirken und die Henne lautstark protestiert und unleidlich – vielleicht sogar aggressiv – reagiert, wenn man sie herausnehmen will. Dieses sogenannte Glucken ist im eigentlichen Sinne kein Problem.

Manche Halter lassen der Natur einfach ihren Lauf und versorgen die Henne während ihrer einsamen Wacht mit allem Notwendigen. In der Regel wird sie sich nicht von der Stelle rühren, weshalb der Halter sie sanft aus dem Nest heben und sie zum Essen, Trinken und Kotabsetzen bewegen sollte, auch wenn er für seine Mühen einige Schnabelhiebe einstecken muss. Das zwei bis drei Wochen andauernde Glucken bringt natürlich Nachteile mit sich, denn die Henne stellt in dieser Zeit nicht nur ihre Legetätigkeit ein, sondern nimmt auch stark ab, weil sie nur wenig frisst.

Manche Halter versuchen den Willen der brütigen Henne zu »brechen«, indem sie sie in einen (natürlich mit Futter und Wasser versehenen) Drahtkäfig stecken und diesen irgendwo aufhängen. Dadurch soll die Henne von unten her gekühlt werden und angeblich das Bedürfnis zu glucken nach zwei bis drei Tagen verschwinden, sodass die Henne schnell wieder ihre Legeroutine aufnehmen kann. Belässt man einen Vogel im Nest – ob nun auf Eiern oder nicht –, sollte man ihm ein Stärkungsmittel geben, damit er so schnell wie möglich wieder zu Kräften kommt.

## NATURBRUTFÄHIGE RASSEN

Einige Rassen wie Dorking, Seidenhühner und Sussex sind sehr beliebt, weil sie einen ausgeprägten natürlichen Bruttrieb besitzen, andere – darunter zahlreiche mediterrane Rassen wie Leghorn, Minorka und Spanier – hingegen überhaupt nicht. Bei modernen Hybridlegern wurde der Bruttrieb herausgezüchtet, um die Legeleistung zu erhöhen; wenn überhaupt, wird solch eine Henne daher nur selten – auf jeden Fall nicht zuverlässig – brütig.

*Eine gluckende Henne ist wild entschlossen, ihr Nest nicht zu verlassen. Will man sie herausnehmen, beginnt sie verärgert zu gackern und zu picken.*

# 96 Eine meiner Hennen verliert alle ihre Federn

## DAS PROBLEM

**Wenn das Huhn gesund ist und in einer artgerechten Umgebung lebt, in der es sich wohlfühlt, ist der Federverlust am wahrscheinlichsten auf die jährliche Mauser zurückzuführen.**

## DIE LÖSUNG

Hühner können während der Mauser – wenn die alten Federn ausgefallen und die neuen noch nicht nachgewachsen sind – einen erbarmungswürdigen Anblick bieten. Meist setzt sie im Spätsommer ein, sodass bis zum Winter ein vollständiges Federkleid nachwachsen kann. Ausgelöst wird sie dadurch, dass die Tage kürzer werden, und eine vollständige Mauser kann drei Wochen bis drei Monate dauern. Währenddessen wird die Legetätigkeit (von ein paar Ausnahmen abgesehen) meist vollständig eingestellt: Da sowohl Eier als auch Federn viel Eiweiß enthalten, kann der Vogel nicht beides gleichzeitig produzieren – Vorzug wird hier den Federn gegeben, gleichzeitig kann sich der Vogel von der Legetätigkeit erholen. Kurz nach der Mauser gelegte Eier sind von deutlich besserer Qualität als kurz davor gelegte. Nach einer kurzen Pause haben die Vögel ein komplettes neues Federkleid und können die Eiproduktion wieder aufnehmen.

Für die Ernährung während der Mauser gibt es zwei Empfehlungen: Entweder man »forciert« die Mauser, indem man das Legefutter weglässt und nur Körner füttert, was den Legetrieb unterbindet, sodass sich der Körper ganz auf den Austausch der Federn konzentrieren kann. Ideales Futter dafür ist Hafer, Kleie und Futtermehl (gemahlener Weizen), Mais weniger, da die Vögel dadurch zu viel Wärme produzieren. Oder man füttert das übliche Futter, sollte dieses aber durch viel Grünzeug sowie Raps- und Sonnenblumenöl – beides reich an Vitaminen und Mineralstoffen, was die Tiere in dieser Zeit verstärkt brauchen – ergänzen. Das im Grünzeug enthaltene Wasser versorgt den Körper zudem mit Flüssigkeit und kühlt.

## WARUM VERLIEREN VÖGEL FEDERN?

Die Mauser ist nicht die einzige Ursache für Federverlust. Auch Schikanieren, unsachgemäße Haltung, Stress, Krankheiten, Parasitenbefall, das »Treten« des Hahnes sowie Licht- und Temperaturschwankungen können bis zu einem gewissen Grad zu Federverlust führen. In den meisten Fällen lässt sich die Ursache schnell herausfinden; falls nicht, ziehen Sie einen Experten hinzu.

*Haltern, die zum ersten Mal die jährliche Mauser miterleben, kann das Aussehen ihrer geliebten Tiere einen ganz schönen Schreck versetzen!*

# 97 Meine Hühner fressen ihre eigenen Eier

## DAS PROBLEM

**Hühner lieben den Geschmack von rohen Eiern und machen sich sofort über sie her, wenn sie welche finden – zerbrochenen oder weichschaligen Eiern können sie einfach nicht widerstehen.**

## DIE LÖSUNG

Meist schleicht sich ein solches Verhalten langsam ein – die Hühner finden zufällig ein zerbrochenes Ei im Legenest oder auf dem Stallboden, ein oder zwei naschen vielleicht neugierig vom Inhalt und schauen sich dann um, ob es noch mehr davon gibt, weil es so lecker geschmeckt hat. Sollten bei den anderen Eiern in den Nestern ein paar dünnschalige dabei sein, müssen sie eventuell nicht lange auf einen Nachschlag warten. Mit der Zeit legen sich die Eierfresser immer häufiger auf die Lauer, um weitere Gelegenheiten nicht zu verpassen, und von da ist der Schritt zum gezielten Aufpicken von Eiern mit normaler Schale nicht mehr weit – womit die Probleme erst beginnen, denn wenn sich eine solche Unsitte erst einmal verfestigt hat, ist es fast unmöglich, sie wieder abzugewöhnen. Meist bleibt einem nur, solche Vögel aus der Herde zu entfernen.

Wichtig ist hier rechtzeitiges Einschreiten, um erst gar keine Probleme aufkommen zu lassen. Dazu sollte man die Eier regelmäßig und schnellstmöglich nach der Ablage einsammeln sowie verhindern, dass Eier auf dem Boden gelegt werden. Letzteres kann eventuell an den Legenestern liegen: Sie sollten mindestens 45 cm über dem Stallboden und vom Licht abgewandt angebracht sein. Deckt man zudem den Eingang zu zwei Dritteln mit einem Stück Sackleinen ab, wird der Nistbereich noch mehr abgedunkelt. Überpüfen sollte man auch noch einmal Größe und Anzahl der Nester: Für je drei Hühner sollte im Stall ein Nest von etwa 30×30 cm vorhanden sein. Andere Maßnahmen gegen das Eierfressen wie das Befüllen ausgeblasener Eier mit Senf oder Chilipaste sind nicht sonderlich zuverlässig.

*Das Eierfressen ist eine Unsitte vieler Hühner, die nicht nur schädlich ist, sondern auch schnell zur Gewohnheit wird. Sind die Vögel erst einmal auf den Geschmack gekommen, legen sie sich nicht nur gezielt auf die Lauer, sondern stiften auch noch andere dazu an.*

# 98 Ich habe eine Henne, die begonnen hat zu krähen

## DAS PROBLEM

**Hennen mit gestörtem Hormonhaushalt entwickeln oft männliche Verhaltensweisen, meist jedoch nur für kurze Zeit.**

## DIE LÖSUNG

Würde man z. B. bei einem Huhn eine »Gonadektomie« (Kastration, also Entfernung von Eierstock oder Hoden) vornehmen, würden beide Geschlechter geschlechtsneutral – die Männchen zum Kapaun, die Weibchen zur Poularde (nicht zu verwechseln mit dem gebräuchlichen Begriff für ein Masthühnchen). Auch äußerlich würden sich beide Tiere gleichen, mit langen, für Männchen typischen Federn, Sporen und einem geschrumpften Kamm. Während der Kapaun so bliebe, könnte es passieren, dass die Poularde wieder eine typisch weibliche Befiederung annimmt, gleichzeitig aber noch Kamm und Kehllappen entwickelt. Ursache dafür ist ein Mangel an Hormonen.

In der Praxis kann es bei Hennen zu einer Geschlechtsumwandlung kommen, wenn der Eierstock seine Arbeit einstellt. Nachdem sie eine Saison lang gelegt haben, beginnen solche Hennen nach der Mauser zu krähen und männliche Kennzeichen auszubilden. Meist zeigen sie dieses hahntypische Verhalten auch in der folgenden Saison (manche legen noch Eier), bevor sie im dritten Jahr wieder ihr ursprüngliches Verhalten aufnehmen. Man nimmt an, dass in der Mauser der Eierstock inaktiv wird und nicht mehr genügend weibliche Hormone für eine weibliche Befiederung abgibt. Die entstehenden »Poulardenfedern« sind fast mit denen der Hähne identisch. Sobald der Vogel die Mauser hinter sich und der Eierstock seine Arbeit wieder aufgenommen hat, nimmt er wieder weibliche Verhaltensweisen an und beginnt Eier zu legen, behält aber das Äußere eines männlichen Vogels bei. Bei der nächsten Mauser kann das Gleiche wieder passieren – oder der Vogel wird wieder komplett weiblich.

## TEUFELSBRUT

In früheren Zeiten galten krähende Hennen und Eier legende Hähne als widernatürlich und deshalb als Teufelsbrut. Man glaubte sogar, aus von Hähnen gelegten Eiern würden Schlangen schlüpfen!

*In jeder Hühnerschar gibt es ein Leittier – den Vogel an der Spitze der Hackordnung. Manchmal können Hennen sogar typisch männliches Verhalten annehmen, z. B. krähen!*

# 99 Meine Hühner sind viel zu aggressiv

## DAS PROBLEM

**Die Anwesenheit männlicher Tiere kann in einer Hühnerschar zu Spannungen führen. Oft spielt das Alter eine entscheidende Rolle. Doch kann Aggressivität auch bei Hennen ein rassespezifisches Merkmal sein.**

## DIE LÖSUNG

Wie man mit angriffslustigen Hühnern umgehen sollte, hängt in erster Linie von der Ursache des Problems ab. Grundsätzlich gilt, dass viele Verhaltensweisen oft typisch für die jeweilige Rasse eines Huhns sind (siehe Kasten).

Männchen (nahezu aller Rassen) können sich mit Erreichen der Geschlechtsreife plötzlich von netten, zahmen Tierchen in kratzende und flatternde Heißsporne verwandeln. Bei weiblichen Tieren findet man ein solches Verhalten selten, obgleich es für einige Zuchtlinien ebenfalls typisch ist. Hähne, die als Jungvögel noch wunderbar miteinander auskamen, müssen nach der Geschlechtsreife getrennt werden, um Probleme zu vermeiden, was mehr Platz, Ausstattung und Organisation erfordert. Insbesondere die Haltung von Kampfhuhnrassen ist anspruchsvoll. Selbst die Hennen gelten ausgewachsen als wenig umgänglich. Ist ein Vogel so schwierig und aggressiv, dass er selbst den Halter einschüchtert, wird er sein Verhalten naturgemäß kaum von alleine ändern. Problemvögel – beiderlei Geschlechts – bekommt man nicht mehr in den Griff, wenn sich aggressives Verhalten erst einmal festgesetzt hat.

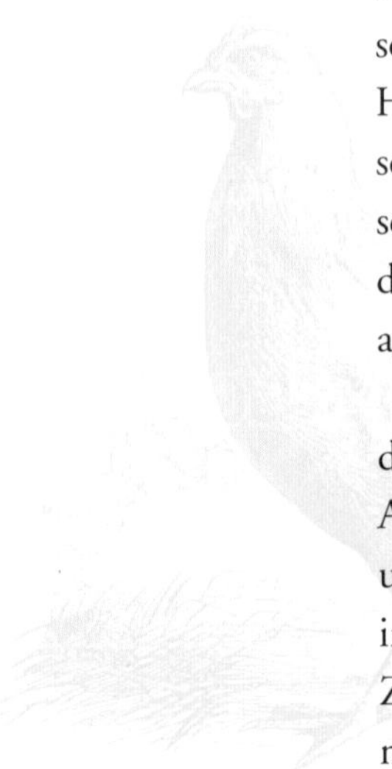

In einer solchen Situation hat der Halter drei Möglichkeiten. Er kann das Tier isolieren und versuchen, mit viel liebevoller Zuwendung und Aufmerksamkeit dessen Verhalten zum Positiven zu ändern, wobei es eher unwahrscheinlich ist, dass sich ein solcher Vogel je wieder in die Herde integrieren lässt. Die zweite Option besteht darin, für das Tier ein neues Zuhause zu finden. Und schließlich kann man das Tier schlachten – was man sich allerdings als letzten Ausweg vorbehalten sollte.

Kampfhühner wie dieses mächtige Asil sollten unerfahrene Halter besser meiden.

## CHARAKTERZÜGE

Bei den schweren Rassen mit weichem Gefieder wie Dorking, Orpington und Sussex kann man sich in der Regel darauf verlassen, dass sie einen ruhigen, friedlichen und gutmütigen Charakter haben. Leichte Rassen wie Leghorn, Minorka und Spanier sind leicht erregbar und infolgedessen auch nicht so einfach im Umgang. Kampfhühner sind am aggressivsten – Rassen wie Asil, Malaie und Shamo wurden gezielt für Hahnenkämpfe gezüchtet, und aggressives Verhalten ist auch heute noch ein herausragendes Merkmal dieser Hühner.

# 100 Eines meiner Hühner blutet am After

## DAS PROBLEM

**Die betreffende Henne wurde vermutlich Opfer des »Afterpickens«, das gar nicht so selten ist – unter anderem, weil sich Hühner für alles interessieren, was rot ist.**

## DIE LÖSUNG

Am Anfang ist es meist reine Neugier: Nach der Eiablage ist die Kloakenöffnung einer Henne oft noch ein bis zwei Stunden gerötet und geschwollen, was ein anderes Huhn dazu verleitet, auf diese unwiderstehliche Stelle einzupicken. Da das Fleisch dort noch sehr empfindlich ist, kann es schnell zu Verletzungen kommen, und beginnen diese zu bluten, wird es noch schlimmer, da eine offene Wunde für andere Vögel noch attraktiver ist. Schafft es die Henne nicht, den anderen aus dem Weg zu gehen, bis die Blutung aufhört, kann es für sie gefährlich werden und einen schmerzhaften, langwierigen Tod bedeuten, wenn man nicht einschreitet.

Ein aufmerksamer Halter wird die Gefahr sofort erkennen, sobald er das Blut um die Kloakenöffnung herum sieht (blutbefleckte Federn sind ja recht einfach zu erkennen), die Henne schnell aus dem Stall nehmen und sie auf einer ruhigen »Isolierstation« in Sicherheit bringen. Am besten, obgleich nicht unbedingt notwendig, wäre natürlich ein kleiner Stall mit Auslauf in einiger Entfernung zum anderen. Wichtig ist, dass der Vogel Futter und Wasser hat und sich in seinem vorübergehenden Heim sicher und wohlfühlt. Die Wunde sollte begutachtet und behandelt werden; für solche Fälle gibt es spezielle Desinfektionssprays und Wundpuder, falls die Wunde nicht zu tief ist.

Größere Wunden jedoch müssen eventuell vom Tierarzt genäht werden. Ganz wichtig ist, dass das Huhn bis zum vollständigen Abheilen der Wunde isoliert bleibt. Falls Sie sich Sorgen machen, ob die Wunde bei der Eiablage durch die Dehnung der Kloakenöffnung wieder aufreißt, fragen Sie Ihren Tierarzt um Rat.

*Wenn Sie noch nicht viel Erfahrung als Hühnerhalter haben, sollten Sie die Behandlung von Fleischwunden am besten einem Tierarzt überlassen, der sich mit Hühnern auskennt.*

# GLOSSAR

### ARMSCHWINGEN
Die kleineren Schwungfedern am Unterarm des Vogelflügels, die die Tragfläche bilden und beim angelegten Flügel gut sichtbar sind.

### BANTAMS
Bantams nennt man die gezüchteten Zwergformen normaler Rassehühner, die nur etwa ein Viertel des Gewichts ihrer großen Verwandten haben. Heute gibt es von den meisten Hühnerrassen Zwergformen.

### BEINBEFIEDERUNG
Die meisten Hühnerrassen haben glatte, federlose Beine, bei manchen jedoch wie Brahma, Cochin und Pekin-Bantam sind Beine und Zehen befiedert.

### BESATZDICHTE
Die Besatzdichte ist ein Maß für das Gesamtlebendgewicht der Tiere pro Quadratmeter, die sich gleichzeitig in einem Stall befinden. Mit ihr wird also das Verhältnis Tiere pro Fläche angegeben.

### BLINDDARMKOT
Wird etwa nach jedem zehnten normalen Kotabsatz ausgeschieden. Er ist oft gelblich-ockerfarben und viel weicher (bis schaumig) als der normale braun-weiße Kot.

### BRUSTBEIN
Das Brustbein des Huhns *(Sternum)* ist der Knochen in der vorderen Mitte des Brustkorbs und erstreckt sich vom Halsansatz bis hinab zwischen die Beine.

### BRUST
Der vordere Bereich des Hühnerkörpers zwischen Halsansatz und der Spitze des Brustbeins.

### DAUNEN
Die weichen, feinen haarähnlichen Federn bei frisch geschlüpften Küken. Manchmal auch die Bezeichnung für den Flaum am unteren Ende eines Federschafts.

### ECHTE BANTAM(HÜHNER)
Zu diesen ursprünglichen Zwerghühnern, von denen keine Großfrom existiert, zählen nur etwa zehn Rassen, darunter Holländische Zwerghühner, Pekin und Sebright.

### EICHHÖRNCHENSCHWANZ
So wird der Schwanz eines Hahnes bezeichnet, wenn er hoch aufgerichtet und – von der Seite betrachtet – nach vorne geneigt ist. Dies gilt als schwerer Rassestandard-Fehler und führt bei Ausstellungen zur Disqualifikation.

### ELEKTRISCHE GLUCKE
Als elektrische Glucke oder Kunstglucke wird eine elektrische Wärmeplatte mit verstellbaren Beinen bezeichnet, mit der eine brütende Henne simuliert werden soll. Gibt es u. a. auch mit übergestülpter Haube.

### FEDERKIEL
Die hohle Mittelachse einer Feder, die im Körper des Vogels steckt; von ihr gehen zu beiden Seiten die Federäste ab, die die Federfahne – den flachen, blattähnlichen Teil der Feder – bilden.

### GRUNDFARBE (DECKGEFIEDERFARBE)
Die Hauptfärbung des Gefieders beim Huhn, von der sich Gefiedermuster (wie Säumung) abheben.

### HANDSCHWINGEN
Die äußeren, langen, kräftigen Schwungfedern am Handteil des Vogelflügels, die zum Fliegen notwendig sind; will man einen Vogel am Fliegen hindern, müssen diese gestutzt werden.

### HARTES GEFIEDER
Die typische dicht anliegende, karge Befiederung von Kampfhühnern wie den Altenglischen Kämpfern.

### HAUBE (FEDERHAUBE)
So nennt man das Federbüschel, das manche Hühnerrassen wie die Holländer Weißhauben anstelle eines Kammes auf dem Kopf tragen.

### HORDE
Horden sind Paletten oder Tabletts aus verschiedenen Materialien, die je nach Funktion eine andere Bezeichnung haben: Eierhorden (Paletten aus Kunststoff zur Lagerung von [Brut-]Eiern), Bruthorden (eine Art

ausziehbare Schublade in Brutgeräten mit oder ohne Holzstäbe über dem Boden zum Wenden der Eier), Schlupfhorden (für Küken zum Schlüpfen bzw. nach dem Schlupf).

### INKUBATOR

Ein Gerät, mit dem Bruteier ausgebrütet werden; Temperatur, Luftfeuchtigkeit und das Umdrehen der Eier im Innern müssen sorgfältig kontrolliert werden, um Gesundheit und Entwicklung des Embryos in der Schale zu gewährleisten.

### JUNGHENNE

Ein junges, weibliches Huhn vor der ersten Mauser.

### KAMM

Ein fleischiger, meist leuchtend roter, aufgerichteter Hautlappen auf dem Kopf eines Huhnes. Typische Formen sind Einfach-, Rosen-, Erbsen-, Walnuss-, Blätter-, Horn- und Klappkamm.

### KAUMAGEN

Teil des Verdauungstraktes, der mit einer dicken Muskelschicht ausgestattet ist, mit der die Nahrung (meist mithilfe von sogenannten Magensteinchen, dem »Grit«) zerkleinert wird, nachdem sie im Drüsenmagen angedaut wurde.

### KEHLLAPPEN

Dies sind die fleischigen Hautlappen neben oder unter dem Schnabel. Bei männlichen Vögeln sind sie meist größer, die charakteristische Größe variiert jedoch von Rasse zu Rasse.

### KENNFARBIGKEIT

Typische Daunenfärbung von Küken mancher Rassen (z. B. Cream Legbar), anhand deren man bereits direkt nach dem Schlupf das Geschlecht erkennen kann.

### KLOAKE

Kloake nennt man die Afteröffnung, d. h. deren gemeinsamem Körperausgang von Verdauungs- und Fortpflanzungstrakt beim Huhn, über die der Kot – und bei einer Henne auch die Eier – ausgeschieden werden.

### KOKZIDIOSE (ROTE KÜKENRUHR)

Eine schmerzhafte, vor allem für Küken äußerst gefährliche Krankheit, die durch einen Parasiten verursacht wird, der die Darmwand schädigt.

### KROPF

Die beutelförmige Erweiterung der Speiseröhre am Halsansatz eines Huhnes, in der das Futter eine Zeit lang gespeichert und vorgequollen wird. In ihm beginnt der Verdauungsprozess.

### KÜKENHEIM (AUCH KÜKENBOX, AUFZUCHTBOX)

Ein sicheres, geschlossenes Behältnis, in das Küken sofort nach ihrem Schlupf im Inkubator umgesetzt werden. Die Temperatur muss anfangs der im Inkubator entsprechen, wird dann aber parallel zur Gefiederentwicklung nach und nach abgesenkt.

### KÜKENSTARTER (KÜKENAUFZUCHTFUTTER)

Fein gemahlenes, speziell auf Küken zugeschnittenes Futter, da diese noch nicht in der Lage sind, das Standard-Pelletfutter erwachsener Vögel zu fressen. Meist wird es etwa sechs

Wochen lang verfüttert und oft als vorbeugende Maßnahme gegen Kokzidiose mit Kokzidiostatika versetzt.

### LEGEREIFE
Der Zeitpunkt, zu dem die Henne mit der Eiproduktion beginnt – meist im Alter von 24 Wochen, er kann jedoch variieren.

### MAUSER
Der jährliche Austausch der alten, abgenutzten durch neue Federn. Sie beginnt im Spätsommer/Frühherbst und zieht sich über mehrere Wochen hin. Die Federn werden nach einer festgelegten Reihenfolge ausgetauscht, nicht alle gleichzeitig.

### OHRSCHEIBE (OHRLAPPEN)
Farbige Hautfalten unterhalb der Ohren von Hühnern zum Schutz des Gehörgangs. Sie variieren in Größe, Form und Farbe je nach Rasse und können ein wichtiger Indikator für die Zuchtqualität sein.

### ONDULINE-BITUMENWELLPLATTEN
Sehr effektive und langlebige, mit Bitumen beschichtete Wellplatten, die oft zur Dacheindeckung von Hühnerställen verwendet werden.

### POLSTER
Das stark ausgebildete, weiche Schenkelgefieder bei Rassen mit sehr weichen Federn wie dem Cochin. Unerwünscht bei den meisten leichten und hartfedrigen Rassen.

### SATTELBEHANG
So nennt man die typischen spitz zulaufenden, längeren und herabhängenden Oberfedern am unteren Rücken meist bei männlichen Vögeln. Der Behang am Hals, den auch Hennen haben, heißt Halsbehang.

### SATTEL
So wird die Federpartie zwischen unterem Rücken und Schwanz bei Vögeln bezeichnet.

### SCHIEFER SCHWANZ
Ein Defekt, bei dem sich der Schwanz eines Huhn zur Seite neigt und nicht mittig getragen wird.

### SCHIEREN
Das Durchleuchten eines Bruteis mithilfe einer starken Lampe, um zu prüfen, ob das Ei befruchtet ist und eine Embyonalentwicklung stattfindet. Geschiert wird erstmals meist etwa zehn Tage nach Beginn des 21-tägigen Brutvorgangs.

### SICHELN
Dies sind die beeindruckend langen und gebogenen Schwanzfedern, die man bei den meisten Hähnen findet.

### SPERBERUNG
Eine Gefiederzeichnung, bei der die Federn abwechselnd hell und dunkel gebändert sind, ähnlich wie bei einem Sperber.

### SPORN
Das Horngebilde hinten an den Beinen, direkt oberhalb des Fußes, bei den meisten Hähnen. Auch bei ausgewachsenen Hennen treten manchmal Sporne (auch: »Sporen« ) auf.

### SPREIZBEINE
Diese sogenannte Hüftluxation findet man bei frisch geschlüpften Küken häufig. Spreizbeine treten auf, wenn aufgrund der noch weichen Knochen und fehlender Muskelspannung in den Beinen die Hüftgelenke auskugeln.

### TYP
Allgemeines Aussehen eines Huhnes, seine charakteristische Form.

### UNTERGEFIEDERFARBE
Die Farbe des Untergefieders wird erkennbar, wenn man die Deckfedern (das Rumpfgefieder) teilt; sie ist oft auch ein rassespezifisches Merkmal.

### VERKLEBTE KLOAKE
Es kann fatale Folgen haben, wenn sich – meist bei jungen Küken – getrockneter Kot an den Daunen rund um die Kloake festsetzt und den Darmausgang blockiert.

### ZWERGEIER
So bezeichnet man winzige, meist dotterlose Eier, die Hennen oft zu Beginn oder am Ende ihrer Legetätigkeit legen.

# STICHWORTVERZEICHNIS

# WEITERFÜHRENDE QUELLEN

## LITERATUR


Baldwin, Suzie: Hühner halten im Garten. BLV 2016

Bauer, Wilhelm: Hühnerställe bauen. Ulmer 2013

Gareis, Daniela: Geflügel artgerecht halten und naturheilkundlich behandeln. Tredition 2009

Jeroch, Heinz; Simon Anette; Zentek, Jürgen: Geflügelernährung. Ulmer 2013

Kreuser, Heinrich: Leitfaden Hühnerhaltung. Oertel + Spörer 2015

Lüthgen, Werner: Hühnerkrankheiten (Expertenwissen Geflügelzucht). Oertel + Spörer 2012

Rutland, Catrin; Daly Janet; Hauber Mark: Das Huhn. Haupt 2013

Steinkamp, Anja: Hühner: auswählen, halten, pflegen. Kosmos 2014

Von Lüttwitz, Michael: Das Rund-um-Sorglos-Paket. GU 2015


## INTERNET

Bund deutscher Rassegeflügelzüchter (BDRG)
www.bdrg.de

Freie Universität Berlin
http://www.vetmed.fu-berlin.de/e-learning/gefluegel/gefluegelkrankheiten/

Geflügelzeitung
http://www.gefluegelzeitung.de/?redid=341976&letter=K

Hochschule Bremen
http://www.hs-bremen.de/internet/de/index.html

Omlet Shop
www.omlet.de

Rassegeflügel Schweiz
www.kleintiere-schweiz.ch

Rassezuchtverband Österreichischer Kleintierzüchter
www.rassegefluegel.at

Verband der Hühner-, Groß- und Wassergeflügelzüchtervereine e. V.
www.vhgw.de

Verband der Zwerghuhnzüchtervereine e. V.
www.vzv.de

Wildvogelhilfe
http://www.wildvogelhilfe.org/gesundheit/aeussereparasiten.html

www.gartenhuehner.de

www.huehner-info.de

www.huehnerhof.net

www.vogelforen.de (Sparte Hühner- und Entenvögel)

## GESETZLICHE BESTIMMUNGEN

Verordnung der Europäischen Kommission über Vermarktungsnormen für Eier:
http://eur-lex.europa.eu/legal-content/DE/TXT/?uri=uriserv:OJ.L_.2006.379.01.0039.01.DEU&toc=OJ:L:2006:379:TOC

Verordnung zum Schutz landwirtschaftlicher Nutztiere und anderer zur Erzeugung tierischer Produkte gehaltener Tiere bei ihrer Haltung (TierSchNutztV):
http://www.gesetze-im-internet.de/tierschnutztv/gesamt.pdf

# BILDNACHWEIS

8 © Kemeo | Shutterstock.com
25 © Anna Hoychuk | Shutterstock.com
29 © David Hosking | Alamy
32 © jezzerharper | Shutterstock.com
41 © June Scheffel | Shutterstock.com
43 © Michael Metheny | Shutterstock.com
49 © Danita Delimont | Getty Images
50 © PhotoSky | Shutterstock.com
53 © Elliot Photography | Shutterstock.com
61 © Ivonne Wierink | Shutterstock.com
63 © Imcsike | Shutterstock.com
70 © Ernie Janes | Alamy
73 © Naffarts | Shutterstock.com
75 © Paul Broadbent | Alamy
77 © Fineart1 | Shutterstock.com
79 © keith burdett | Alamy
83 © iportret | Dreamstime.com
90 © djgis | Shutterstock.com
93 © Lester V. Bergman | CORBIS
112 © Jenoche | Shutterstock.com
119 © Prisma Bildagentur AG | Alamy
132 © ddsign | Shutterstock.com
152 © Lukas Blazek | Dreamstime.com
157 © Jcpjr | Dreamstime.com
159 © Anneka | Shutterstock.com
163 © Anneka | Shutterstock.com
169 © Custom Life Science Images | Alamy
170 © RadVila | Shutterstock.com
179 © T.M.O.Pets | Alamy
183 © Juniors Bildarchiv GmbH | Alamy
185 © tea maeklong | Shutterstock.com
194 © Lighttraveler | Shutterstock.com
224 © jurra8 | Shutterstock.com

Alle restlichen Fotos © Chris Graham.

Vielen Dank an Terry Beebe für die freundliche Genehmigung, einige seiner Hühnerbilder verwenden zu dürfen.

Stiche © Shutterstock.com.